【全国职业教育精品课程规划教材】

Visual Basic chengxu sheji jichu yu shixun jiaocheng

Visual Basic 程序设计基础与实训教程

◎主 编 楼诗风

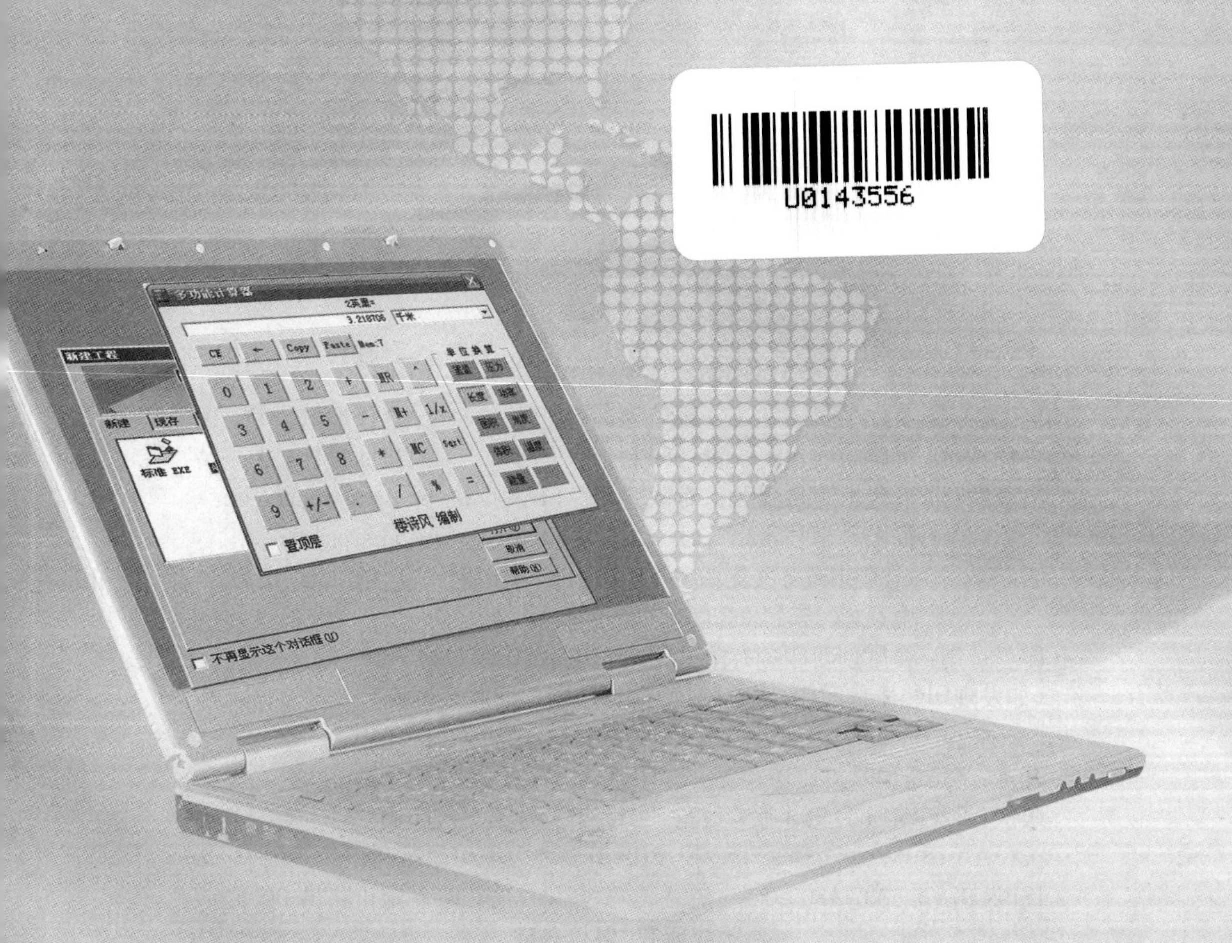

APGTIME 时代出版
时代出版传媒股份有限公司
安徽科学技术出版社

图书在版编目(CIP)数据

Visual Basic 程序设计基础与实训教程/楼诗风主编. —合肥:安徽科学技术出版社,2011.1
ISBN 978-7-5337-4805-0

Ⅰ.①V… Ⅱ.①楼… Ⅲ.①BASIC 语言-程序设计 Ⅳ.①TP312

中国版本图书馆 CIP 数据核字(2010)第 170097 号

Visual Basic 程序设计基础与实训教程 楼诗风 主编

出 版 人:黄和平 选题策划:王 勇 责任编辑:王 勇
责任校对:吴晓晴 责任印制:李伦洲 封面设计:朱 婧
出版发行:时代出版传媒股份有限公司 http://www.press-mart.com
安徽科学技术出版社 http://www.ahstp.net
(合肥市政务文化新区圣泉路 1118 号出版传媒广场,邮编:230071)
电话:(0551)3533330
印 制:合肥创新印务有限公司 电话:(0551)4456946
(如发现印装质量问题,影响阅读,请与印刷厂商联系调换)

开本:787×1092 1/16 印张:12.75 字数:298 千
版次:2011 年 1 月第 1 版 2011 年 1 月第 1 次印刷

ISBN 978-7-5337-4805-0 定价:26.00 元

内容简介

Visual Basic是编写Windows应用程序的强大工具，Visual Basic 6.0版因其易学好用、功能强大而得到广泛应用。本书是作者在长期从事该门课程教学基础上，精炼出大量的编程实例，通过这些实例对程序的界面设计、代码设计、数据结构、算法和编程语言进行讲解。本书内容组织合理，使学生能够尽快进入编程实践；理论深入浅出，概念交代清楚，便于学生掌握；实例生动有趣，充分体现编程的魅力。

本书明确的编写定位是：初学者通过自学能够尽快编写自己的程序，对有一定经验的程序员也有很大的参考价值。

为便于教学，作者提供大量实例、课件、上机作业等电子资料，读者可向zhidabook@163.com发邮件索取。

本书不仅适合大专院校作为教材使用，也适合读者自学。

前言

本不打算写这本书的，因为 VB 6.0 版的教程已经很多了，更何况 VB 已经有很多新的版本，我也面临第二次退休。那么，为什么还要再写一本呢？这里有两个原因。

第一个原因是 VB 6.0 版非常适合大专院校程序设计课程的教学。这个版本的 VB 历时 10 余年而经久不衰，自有其本身原因，确实是太好学太好用了，功能也很强大，非常适合初学者；第二个原因是本人从事这门课程的教学已近 10 年，积累了不少经验，编写了很多实例，深感有一本好的教材非常重要。由我主导的精品课程建设中，该课程曾幸运获评省级精品课程，但没有自己编写的教材，始终是一大遗憾。

本书取名《Visual Basic 程序设计基础与实训教程》有一定含义。这类教材，有的偏重语言本身，例子不是过于简单，就是过于冗长，很不实用，学了以后还是写不好程序；有的组织不合理，把 VB 的“V”，即可视化的界面设计，和“B”，即 Basic 语言，分开来，使学生不能很快进入真正的程序设计。我在教学中深切感受到必须要把 V、B 和程序设计思想有机地融合起来，使学生能尽快着手编写程序，体验编程的乐趣。要实用就要在实例上多花功夫，在上机实训中多安排实际编程作业。例子要生动，又要短小精悍，尽量提高学生的学习兴趣。语言要顺畅精练，通俗易懂，概念要讲述清楚。当然，我虽然尽量这样要求自己，毕竟水平有限，真正动笔写起来也不能尽如人意，还望大家批评指正。

编写程序，重点是程序设计思想和技巧，语言只是一个工具。VB 这个工具虽然好用，但没有程序设计思想和技巧还是不行的。希望读者通过学习本书，不仅能够掌握这个工具，而且能够掌握程序设计的基本技能，并从中体会这个工具的魅力所在。

本书第十一和第十二两章主要供阅读参考，可以不列入教学计划。

感谢同事和家人的关心和支持。

编　者

目 录

开场白：学什么，怎么学

VB 程序设计课程，常简称“VB”，因而使人只着眼于 VB 语言，而忽略了“程序设计”方面的教学。如果已经学过其他语言，尤其是 Windows 环境下的编程语言，例如“VC”，并且有过一定的编程经验，再学习“VB”，重点可能就是了解其语法和特点。但实际情况是，很多学校都把 VB 程序设计作为第一门 Windows 环境下的编程课程，因此，我们学习的目的就是要学会怎样编写 Windows 环境下可以运行的应用程序，而不仅仅是学习一门编程语言。也就是说，我们学习的重点应该是程序设计，把 VB 作为一个工具，学习怎样编写程序。学好更要用好，关键在一个“用”字，这就是我们的学习目的。打个比喻，要学好英语，我们不仅要学习英语单词和语法，还要用来与外国朋友进行交流，包括读、写、说和听，也就是要应用于实际。只有这样，才算达到学习目的。

自然语言是用来与别人进行交流的，而程序设计语言是为了编写程序，让计算机在运行程序时按编程者的意图完成工作任务。所以，程序设计语言是人与机器进行交流的工具。

VB 功能强大，又是公认的好学好用的 Windows 编程语言。在学习这门课程时要掌握以下几点。

一是要有一个整体观念。Windows 下的程序设计包括界面设计和代码设计两个大的方面。Windows 下的每个应用程序都有一个主窗口，很多应用程序的主窗口中都有菜单栏、工具栏、工作区等。为了与用户进行交流，还有各种对话框。对话框也是窗口。窗口中根据程序需要加入一些文本框、下拉框、按钮等称之为“控件(Control)”的元素，供用户操作或显示程序状态与输出结果。在 VB 的集成开发环境(IDE)中，提供了可视化(Visual)的界面设计手段，有大量各种各样的控件供程序员选择。熟悉这些控件的功能并熟练运用，就能完成漂亮的界面设计。在代码设计方面，用历史悠久的 Basic 语言来编写程序，既简单易懂，又有强大的功能。两者结合，将会给我们带来很大的编程乐趣。

首先，从整体上讲，《Visual Basic 程序设计基础与实训教程》的内容有 4 个方面：“V”即“Visual”，是指可视化的界面设计；“B”即“Basic”，是指用 Basic 语言进行代码设计的语法和结构；“实用”是指通过大量实例讲解怎样编写程序，以达到有趣、有用、有效的教学效果；“程序设计”则是讲编程要学习的数据结构、算法等，使学生真正掌握编程技巧，是学习的最终目的。

二是要重视动手实践。在理论课上要学习很多编程知识，弄清很多概念，在上机实践中通过编写程序加以验证，加深印象。上机实践是学习编程的重要组成部分，一点不能轻视。

三是要培养和提高学习兴趣。自己动手编写程序不仅是为了今后能找到更好的工作，而且也是一种享受。当学会编写一个漂亮的程序，不仅可以提高自己的工作效率，而且能得到同事的赞赏，此时自豪感就会油然而生。不要以为现在已经有了那么多 Windows 的应用程序，可以随便从网上下载下来使用，何必花时间去编写呢？要知道技术在不断进步，IT 行业的发展日新月异，尤其是软件产业需要大量的人才，我们要为将来做好准备。即使你以后不从事专业的软件开发工作，学习编程对于提高计算机水平和今后的工作能力也是非常有益的。

四是要注意学习方法。首先要学会举一反三，善于思考，善于联想。VB 是一个“面向对象”的程序设计语言，功能强大，有很多新的概念。概念不清楚是编不好程序的。本书有很多编程实例，通过实例来说明 VB 的语法和编程技巧，可以更生动，更便于理解。如果能举一反三，善于思考和运用，就会加以发挥，更好地编写自己的程序。其次要学会“从战略上藐视敌人，从战术上重视敌人”，既要树立一定能学好的信心，又要脚踏实地，一步一个脚印，理解每一章、每一节的教学内容。

还有，加强计算机专业英语的学习，对编程也十分重要。反过来，学习编程也能促使我们学好专业英语。

第一章　VB编程初步

第一节　熟悉集成开发环境，动手写一个程序

编程要有一个"环境"。用VB编程就要有一个编程的环境，即我们称之为"集成开发环境(IDE)"的Windows窗口。在这个环境下可以编写源程序，调试程序，生成可执行文件，完成绝大部分工作。所以，第一步就是启动Microsoft Visual Basic，打开IDE窗口。程序启动后出现如图1-1所示的"新建工程"对话框，从中选择"标准EXE"，单击"打开"按钮，对话框关闭后显示一个窗口，如图1-2所示。

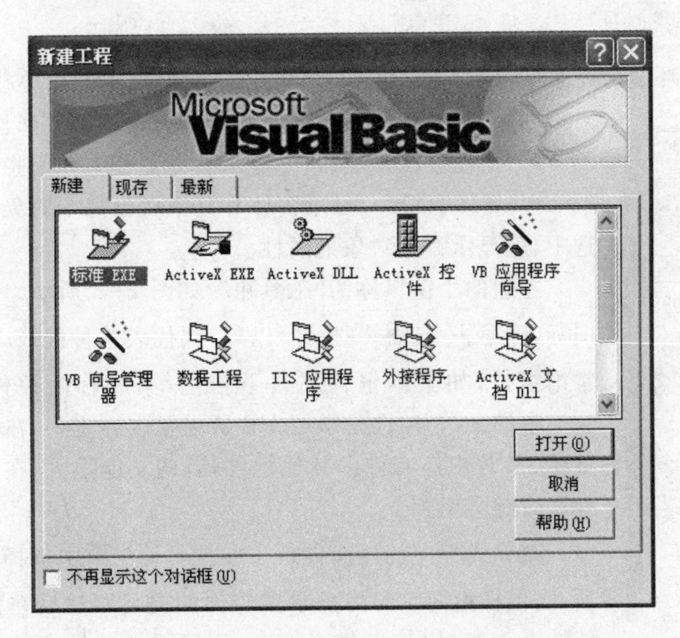

图1-1　"新建工程"对话框

用VB创建的应用程序，称为Project，一般译为"项目"，但在VB6.0中却译为"工程"。现在我们已经建立了第一个工程！不过仅仅是一个空的Windows窗口，里面什么也没有。

【实例1-1】　本实例的功能是输入某个人的出生日期后，计算其至今已活了多少天。举例的目的是为了说明在IDE环境中编写一个简单程序的步骤，包括如何在IDE窗口中完成程序的界面设计和代码设计。通过这个实例了解什么是IDE窗口，为什么说它是一个集成开发环境。学习的重点是熟悉这个开发环境以及编程步骤。

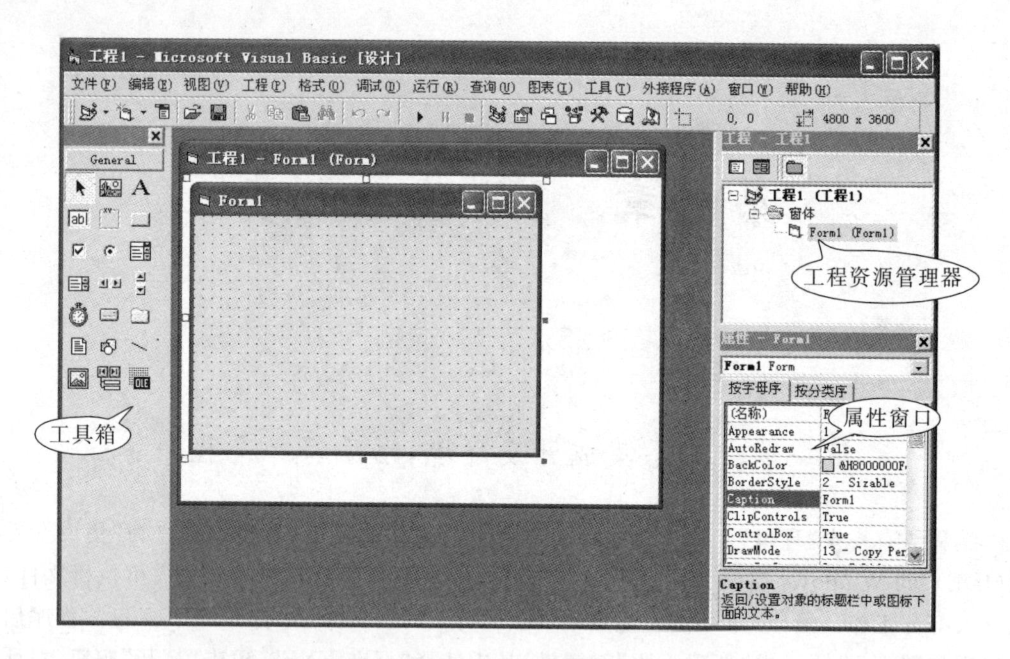

图 1-2　IDE 窗口

操作步骤

①了解窗口环境。在图 1-2 的 IDE 窗口中，除了一般窗口中的菜单栏和工具栏以外，右边两个小窗口分别称为“工程资源管理器”和“属性窗口”。

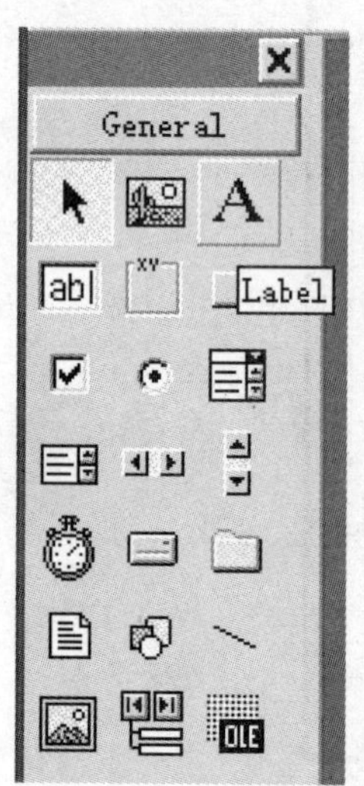

图 1-3　工具箱

- “工程资源管理器”　显示整个工程中有哪些窗体和模块。
- “属性窗口”　显示窗体和其中所含每个对象的属性。哪个被选中，就显示哪个对象的属性。

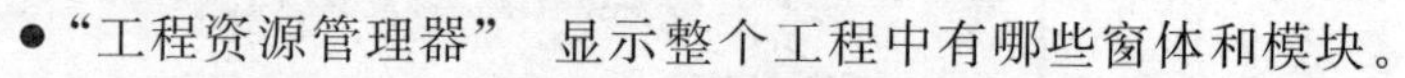

左边的小窗口称为“工具箱”，如图 1-3 所示。工具箱中的每个图标，除第一个“ ”(指针)以外，都代表某种组成 Windows 窗体的常用组件，如文本框、按钮、下拉框等，统称为控件(Control)。图 1-3中的 20 个控件是学习 VB 的主要内容之一，在界面设计中非常重要。VB 中还有许多其他控件，有的功能强大，在编写复杂的应用程序时都会用到。

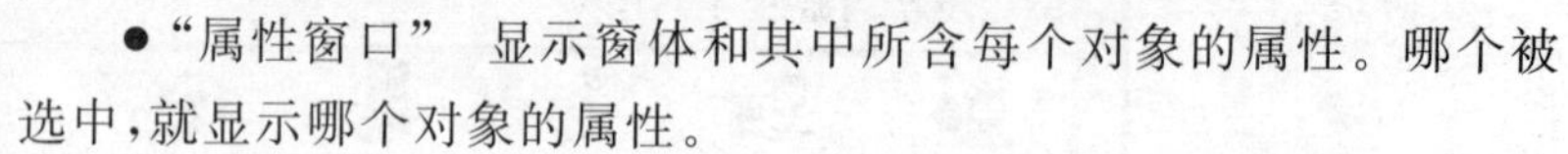

②完成程序的界面设计。在工具箱中单击选择“A”(Label：标签，当鼠标指向它时将显示该控件的类名)，然后在窗体上拖动画出标签 Label1(用于操作说明)。用同样方法画出第二个标签Label2(用于显示时间)，再在工具箱中选择“abl”(TextBox：文本框)，在窗体上拖动画出一个文本框 Text1(用于输入出生日期)。最后在工具箱中两次选择“ ”(CommandButton：命令按钮)，在窗体上拖动画出两个命令按钮 Command1(用于“显示”命令)和 Command2(用于“结束”命令)，如图 1-4 所示。

③修改窗体、标签和按钮的主要属性，使程序运行时对程序功能和操作方法一目了然。Label1 的 Caption 属性要改为“在下面输入出生日期后单击<显示>按钮”，窗体标题(Caption 属性）改为“计算天数”等，如图 1－5 所示。

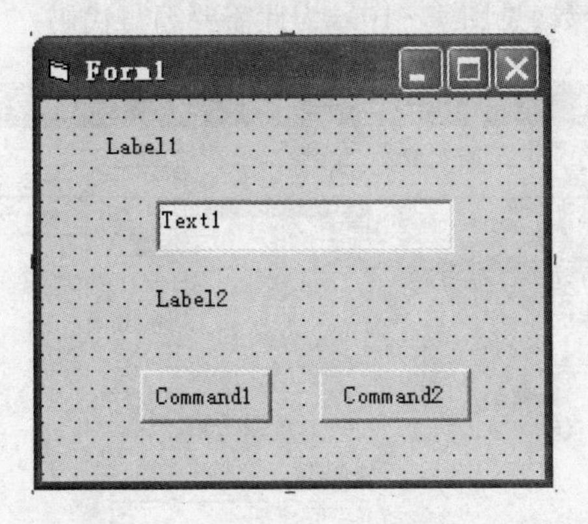

图 1－4　在窗体中添加控件

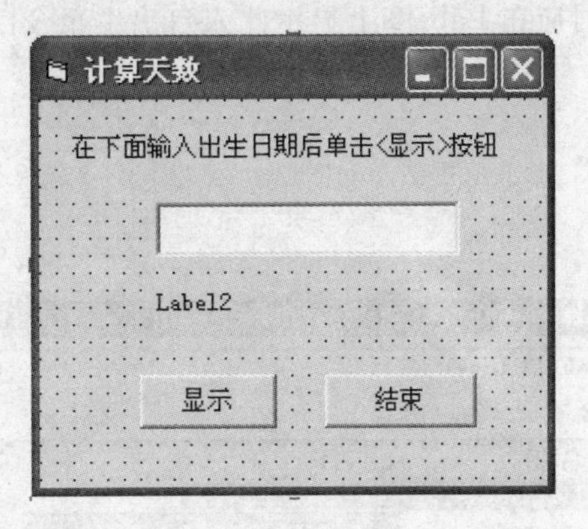

图 1－5　修改属性后

注意

属性窗口中显示的是所选中控件的属性列表。例如，在窗体中选择 Label1，属性窗口中就是 Label1 的属性列表。在 Label1 的属性窗口中选择“Caption（标题）”属性，然后输入要显示的文字，则窗体上原本的“Label1”就变成了“在下面输入出生日期后单击＜显示＞按钮”。同样可以改变窗体 Form1 和两个命令按钮的 Caption 属性的内容，再删除文本框 Text1 的 Text 属性中的内容，最后得到图 1－5 所示的结果。其中 Label2 的属性未改，保留其默认值“Label2”。

每种控件都有不同的属性列表，以图 1－6 中的 Label 属性窗口为例，注意上边的下拉列表框，此时显示的是其名称 Label1 和类型 Label。如果在下拉列表中选择窗体或窗体中的其他控件，将选中该控件并显示其属性。

图 1－6　属性窗口

属性窗口中第一项为名称，对标签控件自动取“Label1”、“Label2”等，控件的名称只能在这里修改。最好取一个有意义的名称，以便于记忆。控件的名称用于标识，在程序代码中即代表该控件，因此应该在编程前确定。

在属性窗口中单击选择某个属性，在属性窗口下面有该属性的说明。有的属性可以直接输入；有的属性选中时右边会显示一个下拉箭头“▼”，表示可以在下拉框中选择（见图 1－7）；有的属性选中时右边会显示一个按钮“...”，单击该按钮将出现一个对话框，例如在设置字体属性“Font”时将显示“字体”对话框，在该对话框中可选择字体名称、大小、斜体、粗体等（见图 1－8）。

④至此，已初步完成程序的界面设计。如果此时试着启动运行这个程序（按“F5”键或单击启动按钮“▶”），则运行窗口将如图 1－9 所示。可以在

文本框中输入一个日期，如“1990－10－1”，但单击“显示”按钮时没有任何反应，而我们希望此时应在 Label2 上显示此人自出生至今已活的天数（见图 1－10），为此需要编写代码。

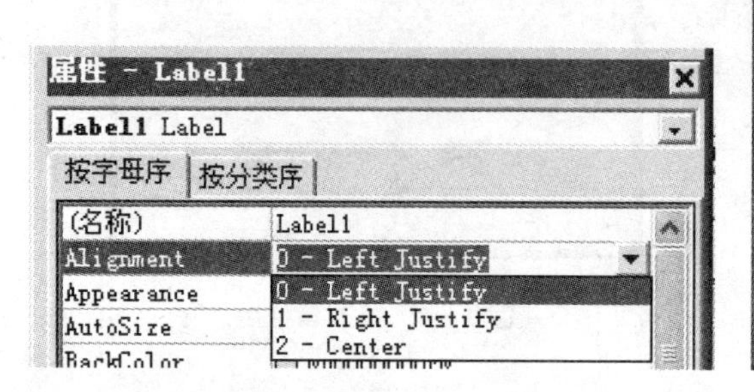

图 1－7　在下拉列表中选择属性值

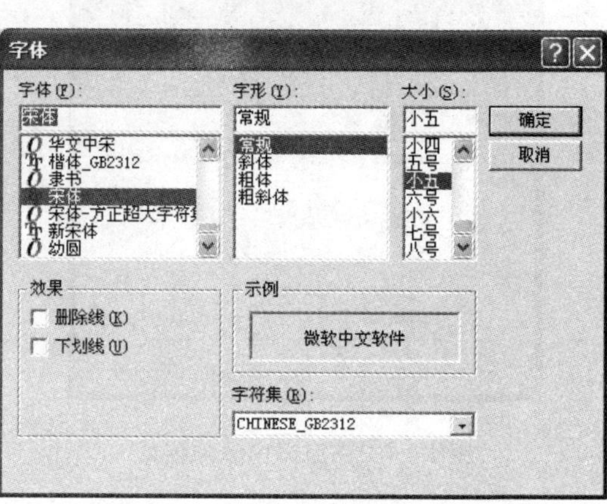

图 1－8　在对话框中选择属性值

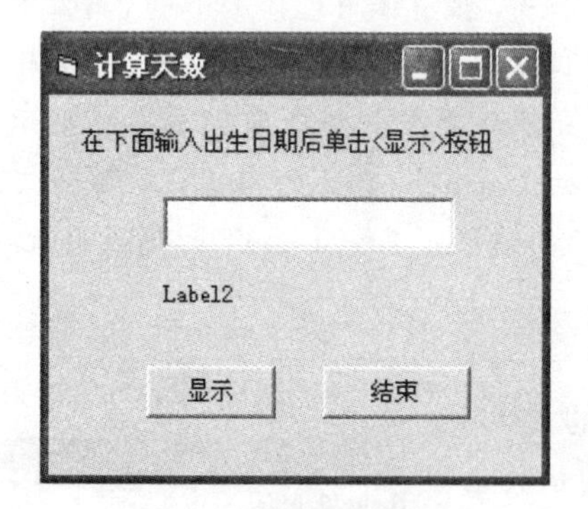

图 1－9　启动后

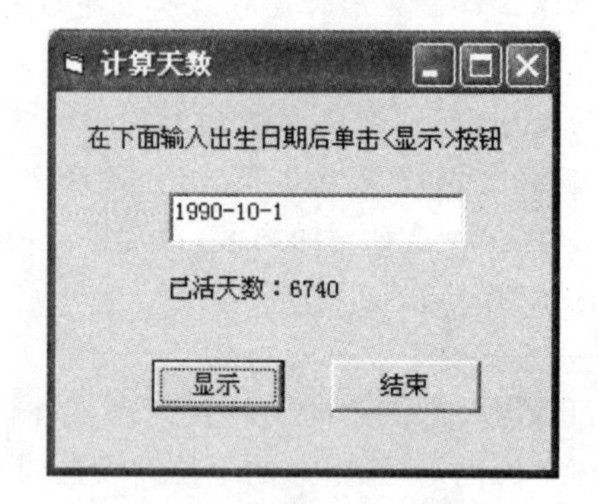

图 1－10　单击“显示”按钮

⑤编写代码。需要对两个按钮的单击（Click）事件分别编写代码。操作很简单：在设计窗体中双击“显示”按钮，进入代码窗口，如图 1－11 所示。窗口中的两行代码是自动生成的，称为 Command1 的 Click 事件过程。注意代码窗口上面的两个下拉框，左边为“对象”下拉框，可以从下拉列表中选择对象（窗体 Form 和其中的控件等）；右边为“过程”下拉框，可以选择事件（如 Click、MouseDown 等）。例如在左边选择 Command2（“结束”按钮），在右边选择 Click，就会自动生成 Command2_Click 事件过程。

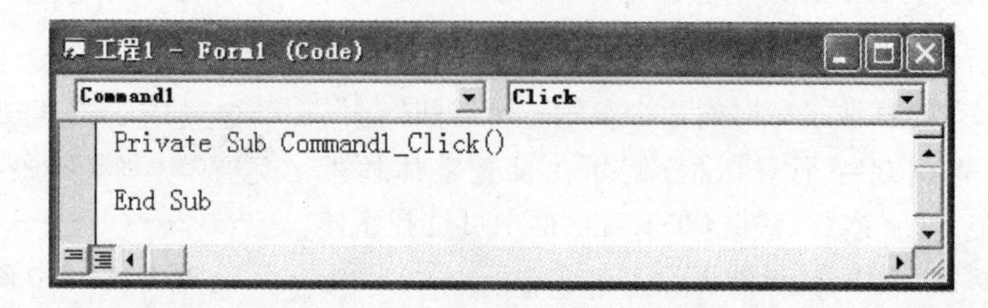

图 1－11　代码窗口及自动生成的空过程

注意

不要自己去输入这两行代码，否则容易出错，吃力不讨好。

这两行之间的代码就是我们要编写的程序，按图 1－12 所示输入程序代码，其中以单引号开始到行末部分为注释，呈绿色，不输入也不会影响程序的运行。

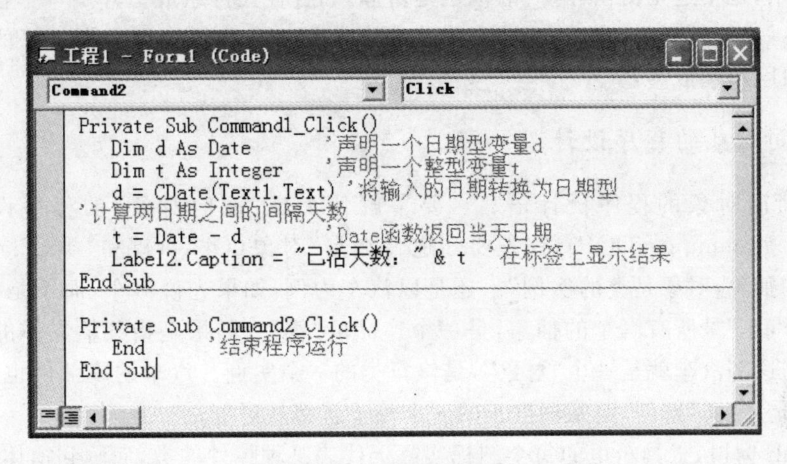

工程1 - Form1 (Code)
Command2
Click
Private Sub Command1_Click()
Dim d As Date '声明一个日期型变量d
Dim t As Integer '声明一个整型变量t
d = CDate(Text1.Text) '将输入的日期转换为日期型
'计算两日期之间的间隔天数
t = Date - d 'Date函数返回当天日期
Label2.Caption = "已活天数：" & t '在标签上显示结果
End Sub
Private Sub Command2_Click()
End '结束程序运行
End Sub

图 1－12 输入代码以后

⑥按“F5”启动程序后，再单击“显示”按钮就会执行第一个事件过程，得到图 1－10 所示的结果。如果单击“结束”按钮，将执行“End”语句，关闭窗口，结束程序运行。

说明

在“显示”按钮的事件过程 Command1_Click 中，前 2 条（以 Dim 开头）声明两个变量 d 和 t，后面 3 条为赋值语句。

以单引号（'）开始直到行末为注释部分（绿色），注释部分可以单独成行，也可以放在语句后面，说明语句的含义和作用，以便于阅读和维护。

以上通过一个简单实例，说明在 IDE 窗口中编写程序的步骤：

① 在窗体中添加控件。

② 修改窗体和控件的属性。

③ 编写代码。

④ 调试运行。

看似简单，其实牵涉到很多基本概念，弄清这些概念，才能为以后学习打下扎实的基础。IDE 窗口功能强大，在以后的整个学习过程中会不断补充，请大家深入体会，熟练运用。

第二节 什么是面向对象的、可视化的程序设计

现在生产汽车，并不需要设计和生产每一个零部件。很多汽车工厂采用引进的先进技术和生产线进行汽车的设计和生产，不仅可以很快上马，而且能够在引进技术的基础上加以

发挥和提高，开发自己的产品，不断推出新款车型。

回顾上面的编程步骤不难发现，开发一个程序就好像是设计一辆汽车。工具箱里面的标签、按钮等控件就像是汽车的零部件，窗体就像是车体，工具箱就像是零部件仓库。窗体和控件的属性（如大小 Size，字体 Font，文本 Text 等）就像车体和零部件的有关参数（如尺寸、颜色、材料等）。汽车虽然复杂，但都是由车体、发动机、仪表盘、座椅等部件装配而成的。程序虽然复杂，也不过是由窗体（对话框也是窗体）和各种控件组成。开发一个程序，我们不必从设计每一个控件开始，可以先采用“拿来主义”，用 VB 已经为用户准备好的各种控件，修改有关属性，组装成型。

一、面向对象的程序设计

VB 是面向对象的程序设计语言。要了解什么是“面向对象”的程序设计（Object Oriented Programming—OOP），首先要知道什么是“对象（Object）”和“类（Class）”。常说“类是对象的抽象，对象是类的实例”。还是以汽车为例，如果光说汽车，而不是指某辆具体的汽车，则“汽车”是所有汽车的抽象，是一个产品的“类”。如果是指某辆具体的汽车，例如某辆校车，则这部汽车就是一个“对象”，是汽车类的一个实例。汽车的零部件也是如此。如汽车的轮子是一“类”部件，而某辆汽车的 4 个轮子就都是对象。

回到 IDE 窗口，工具箱里的每个图标实际上代表某种控件的类，而画到窗体上的控件就是对象。

不同类控件有不相同的属性列表，而同类的控件有相同的属性列表。

同类对象有同样的属性列表，但具体的值则不尽相同。

不同类的控件也可能有名称相同的属性，例如窗体、标签和按钮都有“Caption”属性，不过窗体的 Caption 属性代表其标题栏上的标题文字，按钮的 Caption 属性代表其表面文字，而标签的 Caption 属性则是它所显示的文字。

提示

真正面向对象的程序设计语言往往以“类”的开发作为重点，如微软的 Visual Studio. Net，Visual Studio 2005/2008，而我们学习 VB 6.0 的重点是建立有关对象的基本概念，用好 VB 已经为用户准备好的各种类库，不纠缠于各种比较复杂的功能，尽快进入 Windows 程序的设计中去。

现在我们已经体会到了面向对象的程序设计给我们带来的明显的好处，那就是 VB 已经准备好了丰富的“类库”，就像汽车厂仓库里已经有各种各样的零部件一样，我们编写程序可以像装配一部汽车一样，比什么都要自己设计和生产方便多了。不仅如此，由于这些“类”都是出自专业的软件开发队伍，而且经过严格检验和测试，排除了各种隐患，所以可以放心去使用。我们学习 VB 的一大任务就是要熟悉各类控件，以便根据编程需要，得心应手地应用到我们的程序中去。

在以后的叙述中，往往并不严格区分具体的“对象”和抽象的“类”，而都称“对象”。

对象是作为一个整体来使用的，就像一个部件（如发动机）可以作为一个整体来使用一样。我们不必了解对象内部如何组成，而只要知道其性能和使用方法。就像我们使用发动机而不必了解其内部结构和工作原理一样。这个特点称为“封装”。

了解对象,必须了解对象呈现在我们面前的三大要素:属性(Property)、方法(Method)和事件(Events)。

1.“属性”

“属性”是有关对象的一些参数和指标,如对象的名字(Name,每个对象都有)、大小、颜色、文本、字体等,是封装在对象内部的常量、变量、数组或更复杂的数据结构,每个属性都有一个固定的名称,如 Name、Size、Text 和 Font 等。大多数属性可以在程序设计阶段或运行时加以改变,而有的属性是只读的,只能在设计阶段改变。

2.“方法”

“方法”是对象的功能和动作,如“移动(Move)”、“显示(Show)”、“隐藏(Hide)”、“刷新(Refresh)”等,是封装在对象内部的子程序或函数过程,就像汽车能够启动、换挡、加速、转弯一样。知道对象有哪些方法,就能在程序中调用适当的方法来操作对象,提高编程效率和程序质量。方法只能在程序中调用,不同的方法有不同的参数列表(如 Move 方法),也有的方法不带参数(如 Hide 方法)。

3.“事件”

“事件”是对象能够作出反应的用户操作或系统事件,如单击一个按钮,将发生该按钮的 Click 事件,加载一个窗体时将发生窗体的 Load 事件。我们可以在相应的事件过程中(如上例的 Command1_Click 事件过程)编写代码,描述对事件应作出的反应和处理。这就是 Windows 的“事件驱动”编程模式。Windows 应用程序的运行就是不断对发生的事件(包括用户操作和其他事件)作出反应,并进行相应的处理,完成确定功能,直到程序结束。因此,编写各种事件过程中的代码是程序设计的重要内容。不同对象有不同的事件,例如按钮有 Click 事件,但没有 DblClick(双击)事件,所以不能对按钮双击事件进行编程。如果对事件没有编程,发生该事件时也不会有什么反应。

二、可视化程序设计

所谓“可视化”(Visual),就是在进行界面设计时,只需在工具箱中选择控件,在窗体中画画改改,再设置窗体和控件的属性,简单直观高效。图 1-3 中列出的是 20 个最常用的基本控件。如果在新建工程时启动 VB 6.0 的企业版控件,工具箱中就会有 55 种控件(见图 1-13)。

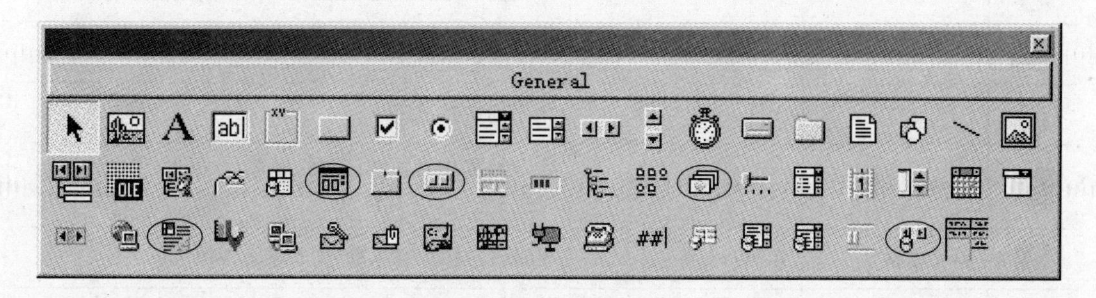

图 1-13 企业版控件

以下列出本书将要用到的一些控件,大部分是基本控件,其余(最后 5 个)在企业版控件中也能找到(图 1-13 中圈中的控件)。

表 1-1　主要控件的功能和用途

图标	名　称	类　名	主要功能和用途
	标签	Label	用于显示文本
	文本框	TextBox	用于输入和显示文本
	命令按钮	CommandButton	单击执行一段处理程序(事件过程)
	框架	Frame	容器,一般用于对复选框和单选框等控件进行分组
	复选框	CheckBox	用于选择某个选项
	单选按钮	OptionButton	成组出现,供选择其中之一
	组合框	ComboBox	又称下拉框,用于保存一组数据(如字体)供选择
	列表框	ListBox	用于保存和显示一组数据供选择
	水平滚动条	VscrollBar	用于显示或设定上下限之间的数值
	垂直滚动条	HscrollBar	
	定时器	Timer	每隔一定时间间隔发生一次事件,常用于动画
	图片框	PictureBox	容器。可放置其他控件,可在其中绘图,或显示图片
	图像框	Image	只用于显示图片
	驱动器列表	DriveList	列出本机所有驱动器
	文件夹列表	DirList	列出指定文件夹的所有子目录(树)
	文件列表	FileList	列出指定文件夹的所有文件或指定类型文件
	直线控件	Line	直线段,用于组成图形对象
	形状控件	Shape	平面图形(圆、椭圆、矩形等),用于组成图形对象
	数据控件	Data	用于连接数据库
	ADO 控件*	Adodc	用于连接数据库
	公共对话框*	CommonDialog	含 6 种常用对话框(打开、保存、另存为、字体、打印、帮助)
	强文本框*	RichTextBox	可设置字体的文本框(同写字板工作区)
	图像列表*	ImageList	用于保存批量图像
	工具条*	ToolBar	用于组成窗体工具栏

说明:带 * 的控件不是标准控件,称为 ActiveX 控件。

熟悉以上控件并熟练运用，是VB程序设计的一个主要内容。现在大致浏览一下表1-1中这些控件的名称、功能和用途，了解VB控件库中有哪些“部件”，有利于对本书整体（尤其是界面设计方面）的理解。

第三节　窗体、标签、文本框和按钮

这是4类最常用的对象，从它们着手学习，既可加深对属性、方法和事件的理解，也便于以后的应用。

一、窗体（Form）

打开一个Windows程序，就会出现一个窗口（Window），在程序的界面设计中，窗口的主体是一个叫做窗体（Form）的对象。窗体是一个“容器”，可以加入菜单、按钮、文本框、图片框等其他元素形成程序窗口。窗体是任何Windows程序的组成部分，显然是一个非常重要的对象。

窗体的组成如图1-14所示。相信大家都很熟悉。窗体有表1-2所示的一些主要属性。

表1-2　窗体的主要属性

属性名称	类　型	说　　明	取值示例或说明
Caption	字符型	窗体标题	计算器
Width Height	数值型	窗体的宽度和高度	度量单位由ScaleMode属性决定，取值： 0—用户定义，1—Twip（1缇＝1/1 440英寸） 2—Point（1磅＝1/72英寸），3—Pixel（像素） 4—Character（字符，与其FontSize属性有关） 5—in（英寸），6－mm（毫米），7—cm（厘米）。 默认单位为缇
Top Left	数值型	窗体左上角距屏幕左上角的距离	
ScaleMode	数值型	坐标度量单位	
BorderStyle	整型	设置窗体边框样式	0—无，1—固定，2—可变
Enabled	布尔型	是否有效，能否操作	True—能，False—否（灰色）
Font		字体	包括字体名、大小、字形等多个属性
Icon	图像	窗体左上角图标，单击之将显示控制菜单（见图1-15）	从.ico型图片文件中读取
BackColor	长整型	背景色	在下拉颜色盒中选择，或直接输入色值（真彩24 Bit）
ForeColor		前景色	
Moveable	布尔型	运行时窗体能否移动	True—能，False—否
Visible	布尔型	窗体是否可见	True—可见，False—隐藏
AutoRedraw	布尔型	是否重画绘制的图文	True—是，False—否
Picture	图片	窗体的背景图片	从图片文件中读取

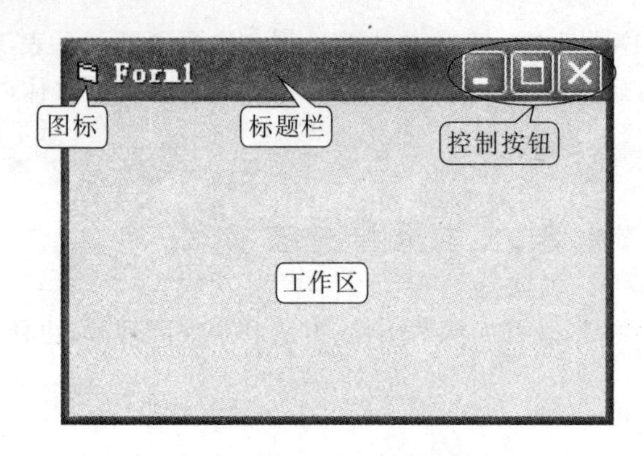

图 1－14　窗体的组成

图 1－15　控制菜单

程序中除主窗体外，往往还需要打开其他窗体，如对话框、子窗体等。有的窗体没有边框，有的窗体不能缩放，这由 BorderStyle 属性决定。主窗体的 Icon 属性往往也是生成. exe 文件后的图标。学习重点是要领会这些属性的作用。

以上很多属性在其他控件中也有，如大小属性 Width 和 Height，位置属性 Left 和 Top，有效属性 Enabled，可见属性 Visible，颜色属性 ForeColor 和 BackColor，字体属性 Font 等，含义也都差不多(举一反三!)。

窗体的 Font 属性决定窗体中加入控件的默认 Font 属性。在设计阶段改变窗体的 Font 属性只影响后来加入控件的 Font 属性，不影响已加入的控件。窗体的 Font 属性也决定用 Print 方法在窗体中打印出来的文字的字体。

(一)窗体常用方法

(1)Show 方法。用于显示窗体。**格式：**

　　＜窗体名＞. Show [＜模式＞]

模式为 1 时称为"有模式"打开，这时候打开的窗体不关闭就不能继续执行下面的语句，不能操作原来的窗口。例如，常见的"打开"文件对话框。模式为 0 时(默认模式)称为"无模式"打开，该模式下显示窗体后立即继续执行后续语句，仍然可以在原窗口中操作，例如微软 Word、Excel 中的"查找"和"查找与替换"对话框。如果窗体尚未加载，执行 Show 方法时会首先自动加载窗体。例如，语句

```
Form2. Show
```

将打开窗体 Form2。

(2)Hide 方法。用于隐藏窗体，例如要隐藏窗体，可用语句：

```
Me. Hide        'Me 代表窗体本身，可省略
```

Hide 方法和 Show 方法的效果正好相反，相当于将窗体的 Visible 属性设为 False 和 True。隐藏窗体与卸载窗体不同，隐藏仅仅是看不见，卸载将释放窗体所占内存。如果程序只有一个窗体，隐藏后则一个窗体也看不到了，但程序并没有结束！白白占着内存。卸载窗体用 Unload 语句(不是方法!)。**语句格式：**

　　Unload ＜窗体名＞

卸载当前窗体，可以用以下语句。如果只有一个窗体，卸载后程序也就此结束。

```
Unload Me        '这个 Me 不能省!
```

(3)Move 方法。用于移动对象(改变 Left 和 Top 属性)和改变对象的大小(Width 和 Height 属性)。语句格式:

对象名.Move [Left],[Top],[Width],[Height]

任何控件,只要有这 4 个属性,都可以用 Move 方法来移动,不过窗体的位置是相对于屏幕左上角的,而控件的位置则相对于其“容器”(一般是窗体,可以是 Frame 和 PictureBox)的左上角。

(4)Refresh 方法。刷新窗体。在动画中经常用到。

以下也都是窗体的方法,用于在窗体上输出文字和绘图,以后还要细述。

(5)Print 方法。在窗体内打印输出文本。

(6)Pset、Line、Circle 方法。画点、画线、画圆。

(7)Cls 方法。清除窗体内绘制的图形和文字。

(二)窗体的常用事件

- Load 事件　发生在窗体被加载时。
- Activate 事件　发生在窗体变成活动窗体时。
- Deactivate 事件　发生在激活其他窗体,本窗体变为不活动时。
- QueryUnload、Unload 事件　发生在卸载窗体时。
- Resize 事件　发生在调整窗体大小或显示窗体时。
- Click、DblClick 事件　发生在单击、双击窗体时。
- Paint 事件　在窗体被移动或缩放之后,或一个覆盖它的窗体被移开时发生。如果上述绘制文字和绘图的方法在该事件过程中使用,可保证文字和图形能够重画(重新 Paint)。否则,如果在使用这些方法时 AutoRedraw 属性又为 False,则画出的文字和图形被遮挡后会被擦除。在调用 Refresh 方法时也会发生 Paint 事件。

二、标签(Label)和文本框(TextBox)

任何程序都离不开输入和输出。标签和文本框是 Windows 程序用于输入和输出的两个最常用控件。

(一)标签

通常用标签(Label)来显示文本。其主要属性有:

- Caption(标题)属性　显示的文本,默认属性,即可以省略。
- Font(字体)属性　文本的字体。
- Forecolor(前景色)属性　即字体的颜色。
- Alignment(对齐)属性　有 Left、Right、Center 3 种选择。
- AutoSize(自动大小)属性　Boolean 型,True 时标签大小随文字多少自动变化,正好框住文字。
- BackStyle(背景样式)属性　0—Transparent(透明),1—Opaque(不透明)。
- BorderStyle(边界样式)属性　0—None(无),1—Fixed Single(有)。

大多数控件都有很多属性,包括看来很简单的 Label 控件,但常用的属性并不多。对标签来说,最重要的属性显然是其标题(Caption 属性),但也要知道可以用 Font 属性改变它的字体、大小,可以用 Forecolor 和 BackColor 属性改变其字体颜色和背景色,等等。一般来说，你希望能改变的，常常有相应的属性可以轻易地实现。例如，要让标签的背景是透明的，可以设置 BackStyle 属性为 0—Transparent（透明）；去掉边框，可以设置 BorderStyle 属性为 0—None。

提示

有的控件将主要属性作为默认属性，如标签的默认属性为 Caption，默认属性可以不输入，例如：

Label1="姓名："相当于 Label1.Caption="姓名："

（二）文本框

文本框（TextBox）是最常用的输入框，也可用于显示。文本框的主要属性有：

● Text 属性　用户输入或程序输出的文本，是文本框的默认属性。

● MultiLine 属性　为 True 时允许多行输入和显示，为 False 时只能单行输入和显示。

● ScrollBar 属性　滚动条，只有在 MultiLine 属性为 True 时才有意义。

● PassWordChar 属性　口令字符。代替显示用户输入的字符。例如若该属性为"*"，则程序运行时，无论用户输入什么字符，显示的都是"*"，以免口令被别人偷看。只有当 MultiLine 属性为 False 时才起作用，因为口令不会是多行的。

● Locked 属性　为 True 时"加锁"，禁止用户输入，使文本框只能输出。

● Font 属性　字体。字体属性包含字体名、字体大小、粗体、斜体等项，各有自己的属性名，在设计阶段可以在字体对话框（参见图 1-6）中设置。

◇ FontName 属性　字体名，如"宋体"、"黑体"、"Arial"等。

◇ FontSize 属性　大小，数值型，可以带小数。例如中文的五号字体要设置成 FontSize=10.5

◇ FontBold 属性　粗体，布尔型。True 时变粗，False 时恢复原状。

◇ FontItalic 属性　斜体，布尔型。True 时变斜，False 时恢复原状。

◇ FontUnderline 属性　下划线，布尔型。True 时带下划线，False 时恢复原状。

● ForeColor 属性　前景色，即字体颜色。长整型，相当于 24 位真彩色。

（三）焦点（Focus）及有关事件和方法

文本框中的字符一般都从键盘输入。如果窗体中有多个文本框，哪个文本框将接收输入的文字呢？

我们在使用 Windows 程序时都知道，要想在某个文本框中输入字符，总是先用鼠标在其中单击，文本框中就会出现一个光标，然后输入字符。这个光标就像一个焦点（Focus）。在任何时刻，窗口中只能有一个控件获得焦点。当文本框获得焦点时，将发生 GetFocus 事件，而当焦点移到别的文本框或其他控件时，将发生 LostFocus 事件。要移动焦点，在用鼠标操作时可以单击，在用键盘操作时可以用"Tab"键，而要在程序中自动将焦点移动到某个控件上，可以使用 SetFocus 方法。例如，在实例 1-1（计算天数）的程序中，如果用户在文本框中输入的文字不是一个合法的日期，程序就会出错，无法继续运行。为了防止出现这种情况，就要在用户输入完成后去单击"显示"按钮时检查输入的是否是一个合法的日期。如果不是，就要提示重新输入。在代码窗口中增加一个对 Text1_LostFocus 事件的处理过程：

'当文本框 Text1 失去焦点时发生 Text1_LostFocus 事件，在该事件过程中检查并处理：

```
Private Sub Text1_LostFocus()
    If IsDate(Text1.Text)=False Then          '检查输入是否为一个合法的日期
        MsgBox "文本框中不是一个合法的日期,请重新输入"
                                              '显示出错信息
        Text1.Text=""                         '清空文本框,即用空字符串("")赋值
        Text1.SetFocus                   '将焦点自动移动到文本框中让用户重新输入
    End If
End Sub
```

其中 IsDate 是 VB 的一个内部函数，如果参数(Text1.Text)是一个合法的日期，则返回 True，否则返回 False。If…End If 是条件语句，当 If 后面的条件表达式为真时，即 Text1.Text 不是一个日期，也即 IsDate(Text1.Text)＝False，条件成立，执行中间的几行语句，否则不执行。

提示

Isdate()函数非常聪明，例如能够判别闰年的 2 月 29 日是一个合法的日期，而非闰年的 2 月 29 日就不是一个合法的日期。因此，熟悉 VB 的各种内部函数可以显著提高编程的效率和质量。

另外，要清空文本框，可以用空字符串("")对其赋值：Text1.Text＝""。

如果要监控每个字符的输入，可以在文本框的 KeyPress 事件或 Change 事件过程中进行编程，因为每键入一个字符就会发生一次 KeyPress 事件。而只要文本框内容改变，包括对其内容赋值，都会发生 Change 事件。

三、命令按钮(CommandButton)

命令按钮是 Windows 程序中最常用的控件之一，而命令按钮的 Click 事件过程又是最常用的程序，因为利用单击命令按钮去执行一段程序非常简便。命令按钮的主要属性有以下几个：

● Caption 属性　在命令按钮上显示的文本，在其中可用 &“字母”设置快捷键。

● Enable 属性　有效性。要使按钮失效(呈灰色)，只要将此属性设为假(False)即可。

● Style 属性　设置命令按钮的外观：0—标准，1—图像。

● Picture 属性　在命令按钮上显示的图片。只有当 Style 属性为 1 时才能显示图片，如图 1－16 所示。

图 1－16　带图彩色按钮

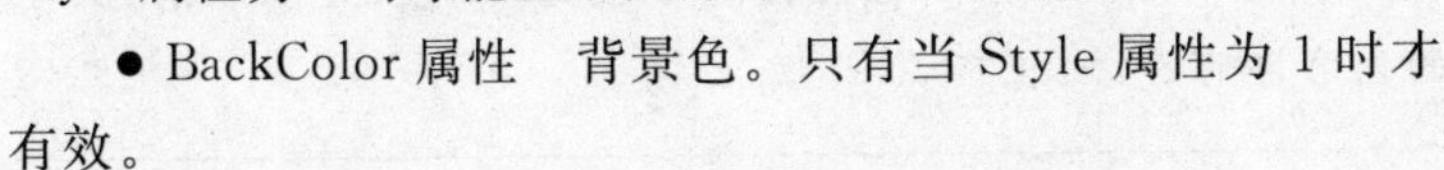

● BackColor 属性　背景色。只有当 Style 属性为 1 时才有效。

● Cancel 属性　设置按钮为取消(Esc)按钮。在整个窗体中只能有一个取消按钮，当用户按下键盘上的“Esc”键时，将执行取消按钮的 Click 事件过程，即与单击该按钮等效。

● Default 属性　设置按钮为默认(Default)按钮。在整个窗体中只能有一个默认按钮，当用户按下键盘上的回车键时，将执行默认按钮的 Click 事件过程，即与单击该按钮等效。

常用事件：

- Click 事件　单击时发生。

【实例 1-2】 修改实例 1-1 中的“结束”按钮(见图 1-5)，使其如图 1-16 所示。按钮的快捷键为“Alt+E”，背景为绿色，并显示一幅小图片，看上去很漂亮，又能意会。

操作步骤

①设置快捷键。快捷键的设置十分简单，只要将按钮的 Caption 属性设为“结束(&E)”即可。注意按钮上并不显示“&E”，而是显示“E”。程序运行时，按住“Alt”键的同时按下“E”键，即可结束程序。

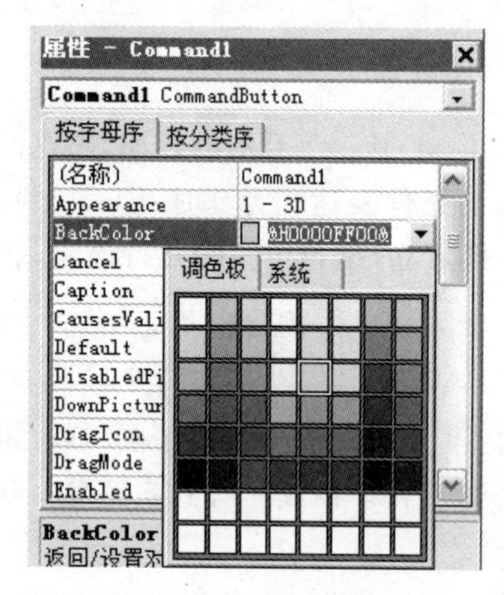

图 1-17　颜色设置

②设置背景色并显示图片。要改变按钮表面的背景色或显示图片，首先必须将其 Style 属性设置为 1 - Graphical，然后再设置其 BackColor 和 Picture 属性。如果已经设置了后面两个属性，发现没有作用，就要检查 Style 属性是否为 1。

背景色(BackColor)可以在该按钮的属性窗口中设置。如图 1-17 所示。在 BackColor 的下拉框的调色板内选择绿色即可。注意选择结果，除了一个绿色小方块外，还显示一个 16 进制的数字“&H0000FF00&”。这个数字就是绿色的数值。

说明

在 VB 中，颜色是一个 32 位共 4 个字节的长整型数。其中后面 3 个字节分别代表红(R)、绿(G)、蓝(B)三基色的数值(0～255)，而第一个字节用于在“系统”选项卡中选择的颜色。所以，数值“&H0000FF00&”代表的是纯绿色(红色和蓝色均为 0)。

如果要在程序中改变颜色属性(如 BackColor 和 ForeColor)的值，就必须用数值对颜色属性赋值。例如：

Command2.BackColor＝&HFF00& 或者 Command2.BackColor＝255 * 256

这样显然不太方便。所以，VB 提供了一些颜色的符号常量，例如：vbRed(红色)、vbGreen(绿色)、vbBlue(蓝色)、vbBlack(黑色)、vbWhite(白色)、vbYellow(黄色)等。这样一来，上面的语句写成 Command2.BackColor＝vbGreen 就行了。

要让按钮表面显示图片，可单击按钮的 Picture 属性，在随后显示的文件对话框中选择一个图片文件即可。可以使用各种常用类型的图片文件，但因为按钮表面小，所以应选用较小的图片。如图片过大，就只能显示图片的一部分。已经设置 Picture 属性，又想取消，只要删除属性窗口中 Picture 属性的内容即可。

提示

在安装了 VB 6.0 的目录下，有一个 Common\Graphic 子目录，下面有很多可用的图片文件。

【实例 1-3】 稍复杂一些的应用程序都有多个窗体。现在假定要运行实例 1-1 的程序,必须先输入一个口令,如果口令正确,才打开主窗体,否则就结束程序。为此,要增加一个输入口令的窗体。

操作步骤

①在实例 1-1 的 IDE 窗口中单击"工程/添加窗体"菜单项,显示"添加窗体"对话框,如图 1-18 所示。

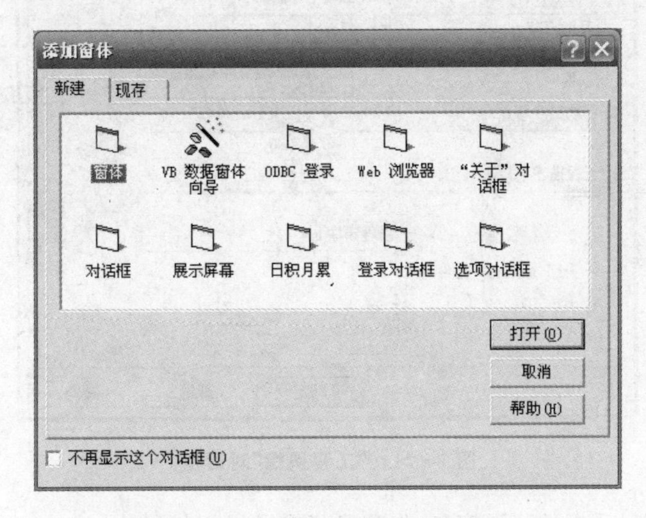

图 1-18 "添加窗体"对话框

②选择其中的"登录"对话框,单击"打开"按钮,则添加的窗体如图 1-19 所示。

注意

此时在"工程资源管理器"中显示增加了一个名为 frmLogin 的窗体,如图 1-20 所示。

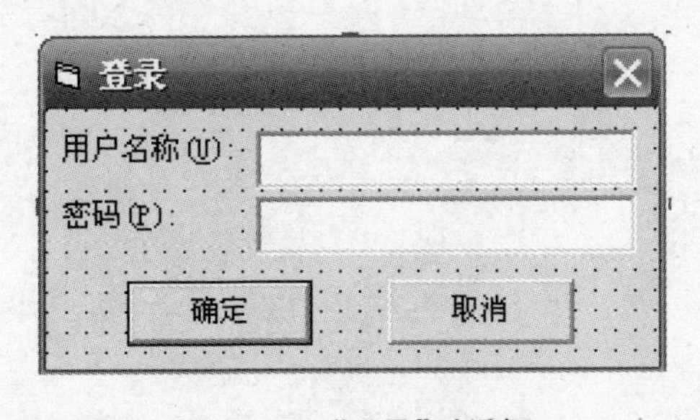

图 1-19 "登录"对话框

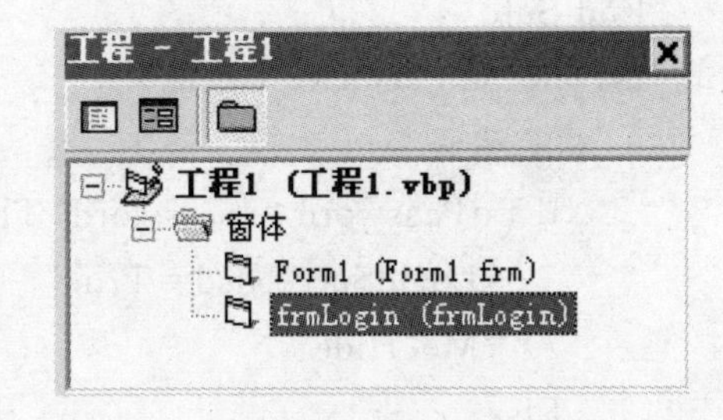

图 1-20 "工程资源管理器"

由此可见,对话框也是一种窗体,有窗体的各种属性,不过有的已经作了改变,其中最重要的一项是 BorderSeyle(边框样式)为 3—Fixed Dialog(固定边框的对话框)。另外,窗体中已经增加了两个标签、两个文本框和两个命令按钮。因为这里不要求输入用户名,只要输入密码,所以要删除第一个标签和文本框。要删除一个控件,只要单击选中,然后按删除键"Delete"即可。再检查用于输入的文本框的 PassWordChar(口令字符)属性,发现已改为"*",因此在输入口令时将只显示"*"。该文本框的名称已定为"txtPassword"。

③如果现在启动程序，将显示原来的窗体，而不会显示“登录”对话框。为了先显示“登录”对话框，需要改变启动窗体。为此，在 IDE 窗口中点击“工程/属性”菜单项，然后在弹出的“工程属性”对话框中选择启动对象为“FrmLogin”（见图 1－21），即可从“登录”对话框启动了。

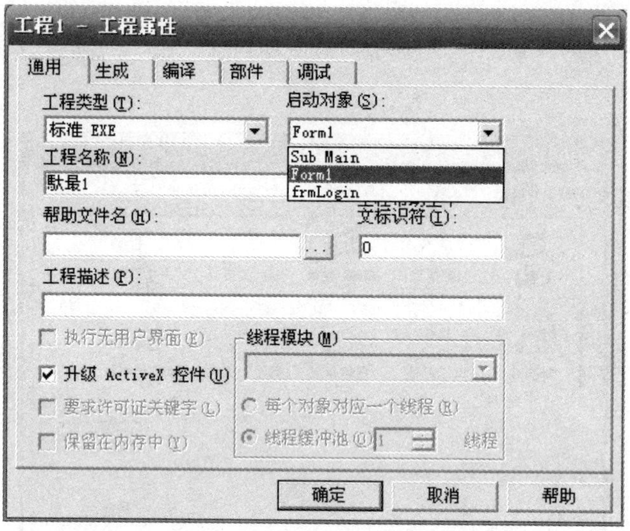

图 1－21 “工程属性”对话框

④打开“登录”对话框的代码窗口，发现已经有了以下代码：

```
Option Explicit                              '要求变量必须先声明才能使用
Public LoginSucceeded As Boolean             '声明变量 LoginSucceeded
Private Sub cmdCancel_Click()
    LoginSucceeded=False
    Me.Hide
End Sub
Private Sub cmdOK_Click()
  '检查密码
    If txtPassword="password" Then
        LoginSucceeded=True
        Me.Hide
    Else
        MsgBox "无效的密码，请重试!",,"登录"      '用消息框显示错误信息
        txtPassword.SetFocus
        SendKeys "{Home}+{End}"
    End If
End Sub
```

其中 cmdCancel_Click 是“取消”按钮（cmdCancel）的 Click 事件过程。cmdOK_Click 是“确定”按钮（cmdOK）的 Click 事件过程。应该输入的口令是“password”。我们只需对两个

过程略作修改：

- 在 cmdCancel_Click 事件过程的“Me. Hide”后面加上一条“End”语句，立即结束程序。
- 在 cmdOK_Click 事件过程的 Me. Hide 语句后面加上一条 Form1. Show 语句，打开主窗口 Form1。

注意

“End If”前面两条语句的作用：txtPassword. SetFocus 是将焦点移到要重新输入的文本框中，而 SendKeys ″{Home}＋{End}″ 语句的作用相当于人工按下“Home”键和“Shift”＋“End”键，使文本框中文本呈全选状态，既能看到原来输入，又能直接输入新的口令而无需先清除错误口令。

第四节 输入输出对话框和打印语句

程序运行过程中，为了与用户进行交流，往往需要输入和输出。在 VB 程序中，除了采用文本框、标签等控件外，还经常使用输入对话框 InputBox 接收用户输入，用消息对话框 MsgBox 显示消息并可接收用户反馈。至于打印语句 Print，则可以将输出结果打印到窗体、图片框或者打印机上。

一、输入对话框 InputBox

InputBox 是 VB 的一个特殊的内部函数。调用该函数时显示一个对话框，如图 1－23 所示。函数格式：

InputBox (Prompt，Title，Default，Xpos，Ypos)

其中：

- Prompt 提示字符串。
- Title 对话框标题，没有时以工程名作为标题。
- Default 默认输入值，没有时可省略。
- Xpos，Ypos 对话框位置(左上角坐标)，如果省略，则对话框显示在屏幕中心位置。

函数返回用户输入的数据，为 String 类型，即使输入数值，也当做字符串看待。例如：

age＝InputBox(″请输入年龄″，″输入″，18)

执行这条语句时显示图 1－22 所示对话框。

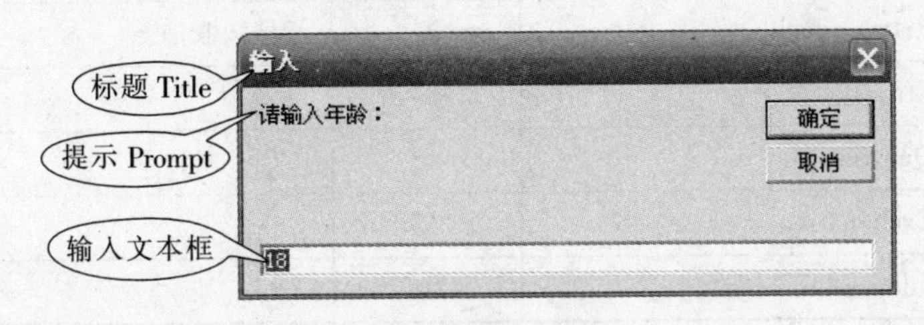

图 1－22 输入对话框

输入数据(如 20)后单击“确定”按钮，则返回值赋值给变量 age，对话框自动关闭。

二、消息对话框 MsgBox

MsgBox 也是 VB 的一个特殊的内部函数。调用该函数时显示一个对话框，如图 1－23 所示。函数格式：

MsgBox (Prompt,Buttons,Title)

其中：

- Prompt　提示字符串。
- Buttons　按钮及图标，省略时仅显示一个“确定”按钮。
- Title　对话框标题。

例如：

a＝MsgBox ("输入不合法，是否重新输入?",vbYesNo＋vbQuestion,"输入错误")

执行这条语句时显示一个消息对话框，如图 1－23 所示。

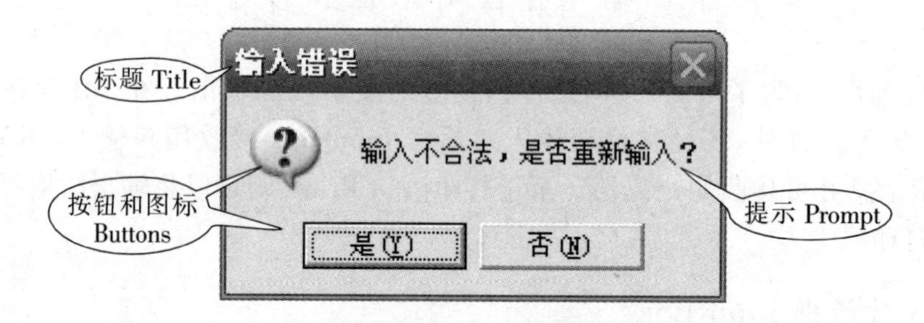

图 1－23　消息对话框

图中，提示文字“输入不合法，是否重新输入?”前面的图标和下面的按钮由第二个参数 Buttons 指定。其表示方法如表 1－3 所示。

表 1－3　按钮和图标的符号常量

常 量 名 称	数　值	按钮和图标
vbOKOnly	0	确定
vbOKCancel	1	确定，取消
vbAbortRetryIgnore	2	终止，重试，忽略
vbYesNoCancel	3	是，否，取消
vbYesNo	4	是，否
vbRetryCancel	5	重试，取消
vbCritical	16	
vbQuestion	32	
vbExclamation	48	
vbInformation	64	

上例中，Buttons 的值为：

vbYesNo＋vbQuestion＝4＋32＝36

如果程序中用 36，虽然能达到同样效果，但程序的可读性不好。实际上，在程序输入到第 2 个参数时，VB 会显示表中的符号常量列表供选择，无需记住按钮和图标的值，所以也便于输入。

如果消息框只用于显示信息，不需要用户回答，可以省略第 2 个参数，直接输入一个逗号，再继续输入第 3 个参数(标题)。这时对话框中将只显示一个确定按钮。相当于 Buttons 参数为 vbOKOnly。

MsgBox 函数也会返回一个值(0～5)，由用户按了对话框中什么按钮决定，以便于程序根据用户反馈进行不同处理。同样，返回值使用 VB 符号常量来表示，比使用数值来表示更便于程序输入、阅读和维护。符号常量值含义如表 1-4 所示。

表 1-4　MsgBox 函数的返回值

常量名称	数值	用户单击的按钮
vbOK	1	确定
vbCancel	2	取消
vbAbort	3	终止
vbRetry	4	重试
vbIgnore	5	忽略
vbYes	6	是
vbNo	7	否

注意

如果不用返回值，就没有必要用一个变量来接收它，例如：

MsgBox "输入不合法，请重新输入?", vbExclamation, "输入错误"

这时，参数不能用括弧括起来，而在赋值语句中必须加括弧！否则都将产生语法错误。

三、打印语句 Print

Print 语句用于输出打印到窗体、图片框、立即窗口或者打印机上。窗体、图片框、立即窗口或者打印机都是对象，都有一个名称。Print 语句有如下格式：

[对象名.] Print [<表达式表>]

如果省略对象名，则打印到语句所在的窗体(也可以用 Me. 表示)。立即窗口在程序中使用“Debug”(意为“调试”)作为对象名，因为打印到立即窗口往往只是在程序调试期间使用，看输出内容是否正确。调试完成，要改为打印机或窗体，因为在程序真正运行时没有立即窗口可用。打印机的对象名为 Printer。窗体和图片框的名称可以在程序设计阶段改变。为叙述简单起见，假定打印到窗体，省去前面的对象名。

“Print”后面可以加一个或多个表达式，也可以什么都不加。如果要打印多个表达式的值，每个表达式之间要加一个分号(;)，或逗号(,)。

● 分号(;)表示后面内容将紧接着打印。可以想象有一个光标(代表“打印头”的位置，不妨称之为“打印光标”)停留在最后一个输出字符的后面，等待打印下一个表达式的值，或下一条 Print 语句的输出。

● 逗号(,)表示"打印光标"移动到下个"制表站"("TabStop"),等待打印下一个表达式的值,或下一条 Print 语句的输出。

什么叫制表站?用过键盘上"Tab"键的都知道,每按一次"Tab"键,光标会向右移动到某处,就像有一个表格(有形或无形的),列宽是一定的,按"Tab"键时,光标会跳到表格下列起始位置。所谓"TabStop"就是表格每列的起始位置。在 VB 中,每列宽度为 14 个字符。TabStop 的位置是 $n*14+1(n=1,2,3,\cdots)$。

分号和逗号也可以放在最后一个表达式后面,表示不换行,等待下一条 Print 语句继续在同一行后面位置打印。

如果最后一个表达式后面没有分号或逗号,则换行,即"打印光标"移动到下一行开始处。所以,没有要打印内容的 Print 语句,即:

```
Print
```

表示回车换行,后面内容将从下一行开始打印输出。

可以用问号(?)代替关键字 Print 以简化输入,也可以用空格隔开两个表达式。在代码模块中,VB 会在用户输入一条语句后立即检查语法,并将最左边的,或"对象名."后面的问号(?)改为 Print,将隔开两个表达式的空格改为分号(;)。在立即窗口中不会做替换。

真正说起来,Print 是对象窗体、图片框、立即窗口和打印机的一个方法(对象三要素之一,另两个是属性和事件)。以后还要讲到在这些类对象中,还有用于绘图的各种方法,如 Pset(绘点)、Line(绘线)、Circle(绘圆),而 Print 可以看做是"绘"字符的方法。

【实例 1-4】 本例说明 Print 语句中逗号的作用和 TabStop 的位置。

操 作 步 骤

①在窗口中添加一个命令按钮(Command1)和一个图片框(Picture1)。

②在按钮的 Click 事件过程中编写代码如下:

```
Private Sub Command1_Click()
    Print "1 3 5 7 9 1 3 5 7 9 1 3 5 7 9"
    Print "ax","but","color"
    Picture1.Print "1 3 5 7 9 1 3 5 7 9 1 3 5 7 9"
    Picture1.Print "more","no","yes"
End Sub
```

③程序运行后,单击按钮,将显示输出结果,如图 1-24 所示。从图中可以看出,"but"从第 15 列(第 1 个 TabStop 的位置)开始打印,"color" 从第 29 列(第 2 个 TabStop 的位置)开

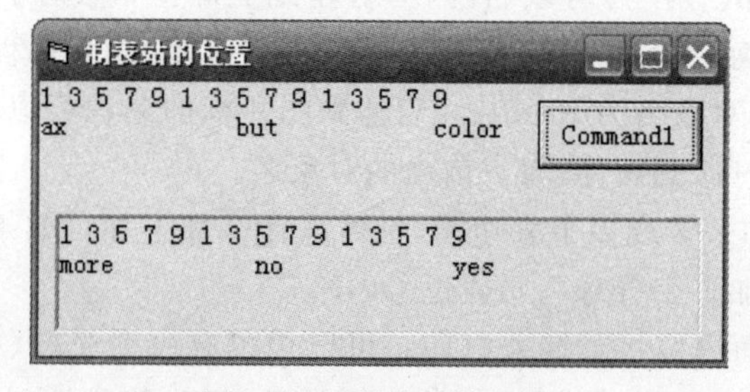

图 1-24 制表站的位置

始打印。在图片框打印中也是如此。

提示

在 Print 语句中，还可以用 Tab(＜列号＞)函数对下一个打印位置进行定位，例如：

Print Tab(5);"学号";Tab(15);"姓名";Tab(30);"年龄";Tab(40);"班级"

Print Tab(5);"100356";Tab(15);"张伟光";Tab(30); 21;Tab(40);"计算机系 09 级(1)班"

输出：学号　　姓名　　年龄　　班级

　　　100356　张伟光　21　　　计算机系 09 级(1)班

注意

Tab 函数后面要用分号(;)，如果用逗号，打印位置又会跳到下一个制表站。

第五节　联机帮助

VB 功能虽强大，但在 IDE 窗口中设计界面、编写代码，都会遇到很多问题。不论是各种控件的属性、方法、事件，还是 Basic 语言中的语法、关键字、函数等，信息量很大。以前，遇到问题总希望手头有一本包罗万象的参考书可以随时查阅，现在这本参考书就在 IDE 开发环境里，这就是 MSDN Library 联机帮助。MSDN 全名为 Microsoft Develope Network(微软开发网络)，本是让软件开发者上网查找有关帮助，但可以安装到本机中，脱机使用。在安装 VB 6.0 后，重新启动，就会提示安装 MSDN。别错过这个时机，如果以后再安装，使用起来就失去了“联机”使用的方便。

“联机”帮助的方便是指什么？

选择窗体上任何一个控件，或属性窗口中的一个属性，或代码窗口中的一个关键字，然后按“F1”键，会立即打开联机帮助窗口，并显示所选控件、属性、关键字的有关帮助。例如选择一个命令按钮，按“F1”键，显示如图 1-25 所示。

这种帮助叫做“上下文有关”，意思是与正在操作的对象有关。既不要到书上去找，也不要在帮助窗口中去搜索。这是最方便的求助方式。

MSDN Library 内容丰富，查阅方便。左边像文件的目录结构，右边显示相关帮助。左边的目录可以折叠，也可以展开。右边和网页一样有很多超链接，单击即可转到有关内容。

单击“索引”按钮，窗口左边按主题字母顺序排列；单击“搜索”按钮，在按钮下面出现的文本框中输入要查找的单词，再单击“列出主题”按钮，则窗口左边列出包含输入单词的主题。双击某项主题，右边显示相关帮助。

帮助窗口内容中有很多例子，例子中有很多代码。这些例子都很精炼，尽量使用符号常量，有注释，便于阅读理解，还可以直接拷贝到代码窗口中为你所用。

图 1-25　联机帮助窗口

上机实训 1

【上机目的】

(1)熟悉下载作业和上传(上交)作业的操作方法，阅读《VB 上机须知》(附录 2)。

(2)熟悉控件的画法和排列(格式菜单的使用)。

(3)熟悉窗体、标签、文本框和命令按钮的基本属性。

(3)通过编写简单程序学习编程步骤和保存源程序的方法。

【上机题】

(1)熟悉控件的画法和排列。在窗体中随意加入 6 个命令按钮，并设置 Caption 属性如图 1-26 所示，按钮“1”大小要合适。要求利用格式菜单中的有关命令将这 6 个按钮整齐排列成如图 1-27 所示。

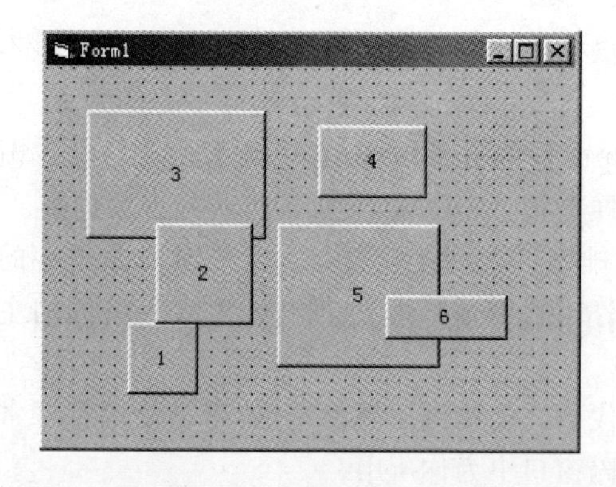

图 1-26　题(1)图(1)

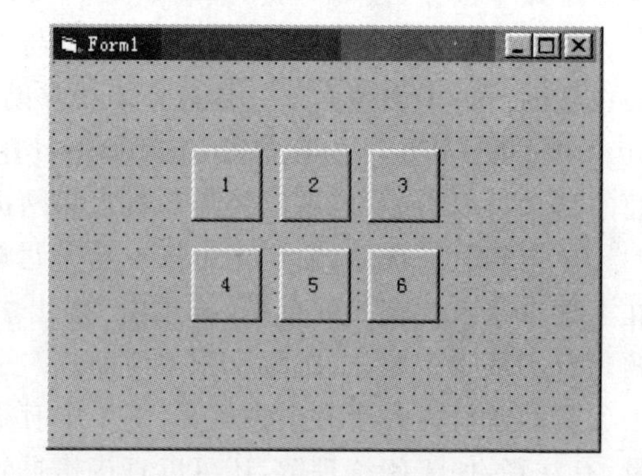

图 1-27　题(1)图(2)

参考步骤：

①选中所有 6 个按钮后，单击按钮“1”。

②执行菜单命令“格式”→“统一尺寸”→“两者都相同”，结果都与按钮“1”大小相同。

③拖动按钮，大致按从左到右依次排列 6 个按钮

④再选中所有按钮后执行菜单命令“格式”→“对齐”→“顶端对齐”和“格式”→“水平间距”→“相同间距”，使 6 个按钮整齐排列成一行。

⑤选择右边 3 个按钮，并拖动到左边 3 个按钮的下面。

⑥选择所有 6 个按钮，并拖动到窗体的中心位置。

⑦将工程文件和窗体文件(.vbp 文件和.frm 文件)保存到“VB 作业 1\T1”文件夹中。

(2)编制一个加法程序，界面如图 1-28 所示。

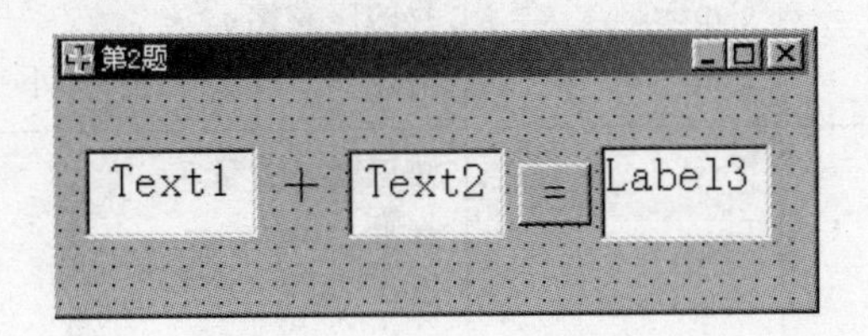

图 1-28　题(2)图(1)

编程要求：

①在 Form_Load()中编写代码，使程序启动后即如图 1-29 所示。

图 1-29　题(2)图(2)

提示：令 Text1 和 Text2 的 Text 属性为空字符串("")即可清空文本框的内容。

②在左边两个文本框中输入数值，单击“＝”号按钮，应在右边的文本框中显示结果(两个文本框内数值之和)。

提示：文本框的内容需要先用 Val 函数转换为数值后才能相加。

③在文件夹“VB 作业 1”下新建一个文件夹“T2”，并将本题的源程序文件保存到此文件夹下。

④生成可执行文件，取名为 T2.exe，也保存到 T2 文件夹下。

(3)熟悉窗体、标签、文本框和命令按钮的基本属性。在一个新建工程中设计图 1-30 所示窗体。

图 1-30　题(3)图

参考步骤：

①在窗体中添加一个标签、一个文本框和两个命令按钮。

②在设计时设置属性如表 1-5 所示。

表 1-5　窗体中对象的属性设置

对象	名称	属性	属性值
窗体	Form1	Caption Icon	第 3 题 MISC18. ICO(在下载的目录中)
标签	Label1	Caption Font	我的座右铭： 楷体_GB2312,粗斜体,小三号
文本框	Text1	Text Font BackColor ForeColor Alignment	知识就是力量 隶书,二号 白色 红色 2—Center
命令按钮	Command1	Caption	显示(&D)
命令按钮	Command2	Caption Style Picture BackColor	退出(&Q) 1—Graphical CRDFLE07. ICO(在下载的目录中) &H00C0E0FF&

③在文件夹"VB 作业 1"下新建文件夹 T3,并在 T3 中保存窗体文件和工程文件,命名窗体文件名为 t3. frm,工程文件名为 Pro3. vbp。

第二章　数据类型与表达式

第一节　基本数据类型

过去学习程序设计，都知道有一句名言：

数据结构＋算法＝程序设计

为什么这样说呢？因为无论什么程序，都无非是对某些数据进行某种处理。“数据结构”研究的是不同类型的数据在计算机内部怎样保存才好处理；“算法”研究的是对这些以不同形式保存的数据(即所谓数据结构)怎样进行处理才更快、更精确、更方便、更有效。在计算技术发展史上，最初只是为了进行科学计算，要处理的都是些数值数据，最多带一点文字数据。随着技术的进步和发展，计算机的应用范围越来越广，可以处理的数据涵盖了图像、声音、视频等，从而进入到了所谓的多媒体时代，数据类型就更多了。所以，在计算机科学发展方面，首先遇到的问题是怎样对数据进行分类，怎样表示这些不同类型的数据，以便于对它们进行所要求的处理。

即使是数值数据，也有不同类型。有的带小数，有的不带；有的要求精度高，有的不高；有的数值很小(微观世界)，有的又很大(天文数字)。不同数据往往需要不同的处理方法。因此对数据进行分类十分必要。学习程序设计，首先要学好“数据类型”这一课。在此基础上，再学习更复杂的数据的表示方法，即数据结构，如数组、队列、堆栈、表等。实际上，“对象”也是一种数据结构，是计算机软件技术发展史上里程碑式的新的比较复杂的数据结构。

表 2－1 是 VB 6.0 所定义和使用的基本数据类型。其中前 5 种都是数值型。

表 2－1　基本数据类型

类型	名称	类型后缀	字节数	范围
Integer	整型	%	2	$-32\,768\ (-2^{15}) \sim 32\,767$
Long	长整型	&	4	$-2^{31}(-2\,147\,483\,648) \sim 2^{31}-1$
Single	单精度	!	4	尾数 24 位，指数 8 位*
Double	双精度	#	8	尾数 53 位，指数 11 位*
Currency	货币型	@	8	在 $\pm 2^{63} \times 10^{-4}$ 之间
String	字符型	$	字符数 * 2	0～65535 个字符 定长 String 型用 String * *n* 表示 *n* 个字符的字串
Variant	变体型	(无)	4	实际上是一个指针，指向数据存储位置

说明：* 尾数和指数均指二进制的位数，且都含 1 位符号位。尾数在－1 和 1 之间，即其绝对值<1。

表中的前 5 种都是数值型数据类型，其取值范围和精度不同，应用的范围也就不同。Integer 和 Long 都属整数型，而后者取值范围要大得多。它们的存储结构比较简单，Integer 类型的数据占用 2 个字节，共 16 位，其中 1 位为符号位；Long 类型的数据占用 4 个字节，共 32 位，也有 1 位为符号位。

Single 和 Double 统称浮点型，其值可以用尾数和指数两部分来表示。这里要先解释一下什么是尾数和指数。设一个浮点数 x 的尾数为 w，指数为 z，则

$$x = w \times 2^{z} \quad (|w| < 1)$$

因此，尾数位数越多，精度也越高；而指数的位数越多，其取值的范围越大。

单精度数尾数为 24 位，去掉 1 位符号位，还有 23 位，$2^{23} = 8\ 388\ 608$。因为尾数小于 1，所以可把它看做小数点后面的 7 位十进制数字，则精度约为 7 位（十进制）。双精度数尾数为 53 位，去掉 1 位符号位，还有 52 位，$2^{52} = 4\ 503\ 599\ 627\ 370\ 496$，所以精度约为 15 位（十进制）。

如果 x 为单精度数，因为指数用 8 位二进制，去掉一个符号位，故指数 z 的最大值为 $2^{7} = 128$。因为尾数 w 的绝对值总小于 1，因此，x 的最大值为 2^{128} = 3.40282366920938463463374607431 77e+38。如果 x 为双精度数，因为指数用 11 位二进制，去掉一个符号位，故指数 z 的最大值为 $2^{10} = 1\ 024$，而 x 的最大值为 2^{1024} = 1.797693134862315907729305190789e+308。

可以用 Windows 附件中提供的计算器（切换到科学型）进行上述计算。

这里的 e+38 表示 $\times 10^{38}$，e+308 表示 $\times 10^{308}$，这种表示方法称为“科学计数法”。在 VB 的程序中，如果数值很大或很小，也可以用这种表示方法，以免写很多个 0。

货币型(Currency)数据用 64 位二进制表示，其中 1 位符号位。先把它看做整数，取值范围为 $-2^{63} \sim 2^{63}$。化作十进制数，$2^{63} = 9\ 223\ 372\ 036\ 854\ 775\ 808$。然后将小数点往左移 4 位。所以取值范围在 $\pm 2^{63} \times 10^{-4}$，或±922 337 203 685 477.580 8 之间。由于小数点位置固定，所以货币型数据是一种定点型数据。货币型数据不仅取值范围比 Integer 和 Long 型数据大得多，而且运算精度也较高，是专门为金融系统的应用而设计的数据类型。

字符型(String)是除数值型以外用得最多的数据类型。过去字符编码大多采用 ASCII 码（7 位）或扩展的 ASCII 码（8 位），1 个字符占 1 个字节。后来为了存储各国文字，包括最复杂的汉字，就需要用 2 个字节来表示 1 个字符。在 VB 中，为便于处理，采用国际通用的 Unicode 码，不仅 1 个汉字占 2 个字节，而且原来 ASCII 码表中的每个字符也扩展到 2 个字节，但其中高位字节为 0，码值不变。按 String 的含义，应该叫做字符串型，但在 VB 中已习惯称字符型罢了。所以，一个字符型数据的字节数总是其长度（字符数）的两倍，而不论其中有没有汉字字符。

还有一种定长的字符型数据类型，用 String * n 来表示，其中 n 为正整数(1,2,3,…)，即其长度（字符数）。假设 s 是一个定长型的字符型变量，长度为 n，那么 s 中就一定包含 n 个字符。如果给 s 赋值的字符串不足 n 个字符，则自动用空格补上；如果给 s 赋值的字符串超过 n 个字符，则只用该字符串的前 n 个字符给 s 赋值，其他字符被丢弃。所以 String * 1 就是传统意义上的字符型了。

表 2-1 中各类型都对应一个称为类型后缀的字符：

% — Integer　　　& — Long　　　! — Single

— Double　　　　@ — Currency　　　$ — String

类型后缀有什么用呢？是为了表示数据(变量或常量)的类型。例如，数值常量2是什么类型呢？它可以看做5种数值类型中的任何一种。这似乎没有什么关系，但在某种情况下却关系到运算的精度和准确性。所以，必要时可以用“2%”表示Integer类型常量2(而不是百分之2)，用“2!”表示Single类型常量2(而不是2的阶乘)，等等。常量后面加类型后缀的情况并不多，而在变量后面加类型后缀来表示变量的类型则相当常用，因为这样会带来很大方便。原来，VB是一种很宽松的程序设计语言，VB中使用变量不一定非得先声明才能使用。例如，可能在程序某处冒出一条赋值语句“$x=3$”，而我们并没有事先定义变量x，所以更不知道它是什么类型。这种不确定性是一种潜在的隐患，应该尽量避免。如果写成“x! =3”，那么x就是一个Single型变量，去除了不确定性，提高了程序的可靠性，既简单，又明白。此后再用到变量x，可以写成“x”，也可以写成“x!”，但不能用其他类型后缀，否则会出错，因为变量的类型是不能改变的。

说到这里，还必须要提到VB中一种特别的数据类型，即Variant型，又称为“变体型”的数据类型。如果一个变量定义为Variant型，或者没有事先定义，它就是一个变体型的变量。顾名思义，其类型可以根据它所要保存的数据的类型而变化。例如，假如事先未声明变量x，又多次为x赋不同数据类型的值，则变量x的类型会不断变化。为了证明这一点，按“Ctrl”+“G”键，打开立即窗口，先输入一条赋值语句，回车；再输入一条Print语句(可用“?”代替“Print”)，再回车，结果如下(其中注释部分是加上的)：

```
x=3              '变量 x 未事先定义，也没有类型后缀，即赋值 3
? typename(x)    '? 是 Print 命令的缩写，要求输出函数 typename(x)的值，
                 即 x 的类型名
Integer          '这行是执行上行命令的输出，表示 x 为 Integer 型，下同
x=3.14!          '再给 x 赋以 Single 类型常量
? typename(x)    '显示 x 的类型名
Single           'x 为 Single 型
x=3.1415926      '再给 x 赋以需要用 Double 类型存储的常量
? typename(x)    '显示 x 的类型名
Double           'x 为 Double 类型变量
x=3              '现在重新给 x 赋值 3
? typename(x)    '显示 x 的类型名
Integer          'x 又变为 Integer 型
```

提示

立即窗口是指每输入一条Basic命令(立即执行的语句称为命令)就能够立即执行的窗口。命令只能是可执行的Basic语句，如声明一个变量的语句就不是可执行语句，因此在立即窗口中不能使用。立即窗口对于调试程序非常有用，所以又称为Debug(调试)窗口。

第二节　其他数据类型

表 2-2 是 VB 中也会经常用到的几种数据类型。

表 2-2　日期型、布尔型和字节型数据类型

类型	名称	字节数	范围
Date	日期型	8	1/1/100～12/31/9999
Boolean	布尔型	2	True(真)或 False(假)
Byte	字节型	1	0～255(2^8-1)

日期型数据用于表示日期和时间，取值范围从公元 100 年 1 月 1 日 0 点到公元 9999 年的 12 月 31 日。日期型常量用

＃日/月/年 时:分:秒＃如 ＃31/10/2009 12:50:30＃

或　＃年-月-日 时:分:秒＃如 ＃2009-10-31 12:50:30＃

来表示。注意其中的每个字符(＃号、斜杠、短划线、冒号、空格和数字)都必须是西文半角字符。为什么从公元 100 年元旦开始呢？因为两位数年份要保留给 4 位数年份的省略形式，VB 会自动在前面加上 19 或者 20。30 年以前加 20，30 年开始加 19，所以要小心哦！

布尔型数据只能取 True 或 False 这两个值之一，主要用于逻辑运算和条件语句。

注意

只能用完整写法 True 和 False，不能用 yes 和 no 等其他单词，也不能简化为 T 和 F。

字节型数据只占一个字节，而且无符号位，因此取值范围很小(0～255)，主要用于需要进行按位运算的应用，如自动控制等。

第三节　常　　量

常量是指程序运行期间其值不能改变的数据。常量也有类型，所能执行的运算与其类型有关。

常量按表示方式分为直接常量和符号常量。

● 直接常量　直接写出其值的常量。例如：

数值常量：3.12，－5，1.3E－8

日期型常量：＃10/12/2002 10:30＃，＃1949－10－1＃

字符串常量："I'm fine"，"99.9"，"Visual Basic"，""(空字符串)

逻辑常量：True，False (不能写成其他形式，不要与 FoxPro 等其他语言的写法混淆)

● 符号常量　用符号来表示的常量，即取了名字的常量。

为使程序易于阅读理解，又便于记忆，VB 已定义了很多符号常量，如 vbRed、vbGreen、vbBlue 等。

【实例 2-1】　在 VB 的对象浏览器中查看或查找 VB 已定义的各种符号常量和它

的值。

操 作 步 骤

①单击工具栏中的对象浏览器图标，或按“F2”键，打开对象浏览器。

②在搜索栏内键入符号名 vbRed。

③点击搜索按钮，结果如图 2-1 所示。从图中可以看出：

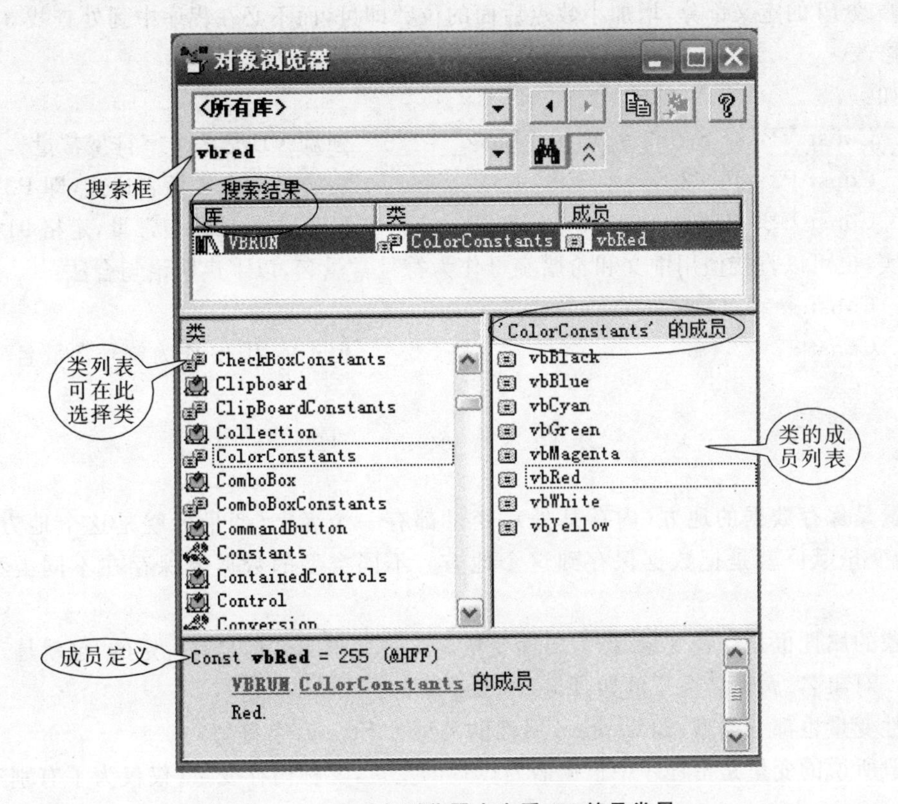

图 2-1　在对象浏览器中查看 VB 符号常量

- vbRed 是类 ColorConstants 的成员。这个类实际上是一个常量集合(图标为)。
- 图下部显示 vbRed 的定义：

　　Const vbRed=255 (&HFF)

表示 vbRed 是一个常量，其值为 255(十六进制表示为 &HFF)。最后一行的“Red”是说明，即 vbRed 代表红色。

对象浏览器是学习 VB 编程时非常有用的“参考手册”，以上说明是为了让大家了解其使用方法。

还有一些 VB 常量也会经常用到，如：

- vbCrLf　回车换行，相当于 chr(13)& chr(10)，即这两个控制字符的组合。
- vbTab　制表符。

除了 vb 符号常量外，也可以在程序中自己定义符号常量。

声明语句格式：

Const ＜常量名＞[as ＜类型＞]=＜常量表达式＞

例如用符号 Pi 表示圆周率 π，声明语句为：

Const Pi=3.1416

这以后，程序中凡是要用到 π 的地方，只需要键入 Pi，而不要键入 3.1416。这样做既便于程序的阅读和维护，又可避免出错。譬如，在程序调试过程中发现 3.1416 的精度不够，则只需要修改 Pi 的定义部分，增加小数点后面的位数即可，而不必在程序中到处查找 3.1416，并进行修改。

又如：

```
Const VB As String="Visual Basic"      '强调 VB 是一个字符型常量
Const P2=Pi * 2                        '右边是一个常量表达式，即 P2=2π
Const US911=#2001-9-11#                'US911 为日期型常量，定格 911 事件
```

其实，也可以直接使用中文和希腊字母作为符号常量名，以下声明语句合法：

```
Const π=3.1416
Const π2=2 * π                         '但不能用 2π 作为符号常量名
```

第四节　变　　量

变量是保存数据的地方（内存某处），变量都有一个名字，变量名就是这个地方的“地名”。给变量赋值就是把数据保存到这个地方。不同类型的数据要保存在不同类型的变量中。

对象的属性也是一种变量，称为属性变量。这种变量的名称是有规定的，也就是

对象名.属性名　　例如：Label1.Caption

属性变量也都有类型，如 Caption 属性的类型为 String（字符型）。

一般所说的变量是指程序中根据需要设置的变量，又称内存变量（仅仅为了有别于属性变量）。

要定义（声明）一个变量，**可以用以下语句：**

Dim|Public|Private|Static ＜变量名＞As ＜类型＞[,＜变量名＞As ＜类型＞,…]

例如：Dim k As Integer,n As Integer,x As Single

这就定义了 3 个变量，k 和 n 都是整型（Integer）变量，x 为单精度（Single）型变量。

用类型后缀可以简化声明语句，例如，上面的声明语句可以写成：

Dim k%,n%,x!

如果不加类型，就认为是 Variant（变体型）变量。

例如：Dim k,n As Integer,x As Single　　或者　　Dim k,n%,x!

那 k 就不是 Integer 型，而是 Variant 型。

变量声明中开始的关键字（Dim|Public|Private|Static）与变量的作用域和生存期有关。作用域从小到大分为过程、模块和全局 3 种。规则如下：

● 在过程内部用 Dim 声明的变量只能在该过程内部使用，而且寿命很短。当程序执行到该过程遇到该声明语句时，变量才“出生”（分配内存），一旦退出过程（例如执行到 End

Sub 或 Exit Sub)，该变量就“死亡”，被撤销(收回内存)。

如果程序再次进入该过程，又会重新为它分配内存(很可能换个地方，而且重新赋以初值，数值型赋以 0，字符型赋以空串，所以别指望原来的值还在)。因此，这种变量称为过程级的动态变量。

- 在过程内部用 Static 声明的变量也只能在该过程内部使用，但寿命很长。当程序第一次执行到该过程遇到该声明语句时，变量“出生”(分配内存)，退出过程时仍然保留(不收回内存)。再次进入该过程时，可以使用变量中保留的值，直到整个程序结束。因此，这种变量称为过程级的静态变量。Static 只能用于过程内部。
- 在一个模块(例如窗体模块)中可以有很多过程，包括事件过程、自定义过程(子程序或函数)等，在所有过程的外面(通常在最前面)可以加入声明语句，称为模块的“声明部分”。在这部分声明的变量能够在该模块的所有过程中使用，所以至少是模块级变量。如果声明为 Public，则该变量能够在所有其他模块的所有过程中使用，因此就是一个全局变量。如果声明为 Dim 或 Private，那只能在该模块中使用，即为模块级变量。
- Public 和 Private 只能用于模块声明部分，不能用于过程内部。

总之，变量的作用域有过程、模块和全局之分。在过程(如事件过程)中用“Dim”声明的变量只在该过程内有效，称为过程级变量；在一个模块的声明段用“Dim”或“Private”声明的变量在该模块的所有过程中都有效，称为模块级变量；在模块的声明段用“Public” 声明的变量在程序的所有模块中都有效，称为公共变量或全局变量。过程级变量又称局部变量。全局变量最好在标准模块中声明，否则在其他模块中使用时要在变量名前面加上其声明语句所在的窗体名。

例如，在实例 1-3 中有两个窗体，每个窗体都有一个代码模块，其中 Form1 中的两个变量(d 和 t)为过程级变量，只在其所在的过程中有效；而 frmLogin 窗体的代码窗口中用“Public”声明的 LoginSucceesed 变量是一个全局变量，在程序的所有地方都能引用，并在整个运行过程中都有效。

注意

给变量取名要注意以下几点：

(1)第一个字符只能是字母，变量名只能由字母、数字和下划线组成。

(2)不要用 VB 的关键字、函数名等保留字作为变量名。

(3)在变量的作用范围内不要重名。注意 VB 是大小写无关的，所以 abc 和 Abc 都指同一个变量。

(4)给变量取名既要简单，又要尽量便于意会。

其实，变量也可以使用中文名，只是输入不太方便罢了。

变量是不是一定要先定义才能使用呢？在比较复杂的程序中，为了让 VB 尽可能发现程序的语法错误，有必要这样做。为此，可以在模块的声明段中加入一条语句：

```
Option Explicit          '要求变量显式声明
```

Explicit 是“显式”的意思。有了这条语句，变量未经声明使用时就会显示错误信息，以便于改正。

第五节 运 算 符

数据的处理离不开运算。不同类型的数据有不同的运算。表 2-3 是 VB 中各种运算符的列表。这张表不仅列出了各种类型的运算符、运算、例子和说明，而且用本人设计的优先级表示法来表示各种运算的优先权，能够说得比较清楚。

表 2-3 VB 的运算符

运算符	运算	举例	说明	优先级
1. 数值运算：结果为数值型				
+	加	3+4，结果为 7	也可作单目运算，但 $+x$ 与 x 无异	A6
−	减	6−2，结果为 4	双目运算	A6
−	取负	−5，5 取负为−5	单目运算，即对单个项目进行运算	A2
*	乘	2*4，结果为 8		A3
/	除	9/2，结果为 4.5		A3
\	整除	9\2，结果为 4	去掉商的小数部分	A4
^	幂	2^3，结果为 8	$2^3=8$。底和指数都可以带小数和符号	A1
Mod	求余数	8 mod 3，结果为 2	被除数和除数都可以带小数和符号	A5
2. 关系(比较)运算：结果为布尔型(True 或 False)				
>	大于	(2+1)>3，结果为 False	可用于字符型数据比较，例如： "abc">"ABC"，结果为 True，小写大于大写 "abc">"ab"，结果为 True "abc"<>"abc "，结果为 True，因为<>右边多了空格，所以不相等。当心多余空格！ 日期型数据也能比较大小，晚的比早的大	C
=	等于	(2+1)=3，结果为 True		C
>=	大于等于	(2+1)>=3，结果为 True		C
<	小于	(2+1)< 3，结果为 False		C
<=	小于等于	(2+1)<=3，结果为 True		C
<>	不等于	(2+1)<>3，结果为 False		C
3. 连接运算：结果为字符型				
&	连接	"VB"&"6"，结果为 "VB6"	将两个字符型数据连成一个	B
+	连接	"VB"+"6"，结果为 "VB6"	与 & 相同，仅为与早期版本兼容，最好不用	B
4. 逻辑运算：假定 a 和 b 为两个布尔型表达式(想象为两个条件，成立时为真，不成立时为假)，结果也是布尔型				
And	与	a And b	仅当 a 和 b 都为真时才为真	D2
Or	或	a Or b	a 和 b 有一个为真时就为真	D3
Not	非	Not a	单目运算。a 为真时为假，a 为假时为真	D1
Xor	异或	a Xor b	a 与 b 不同(一个为真，一个为假)时才为真	D4
Equ	等价	a Equ b	a 与 b 相同(两个都为真或两个都为假)时才为真	D5
Imp	隐含	a Imp b	a 为真而 b 为假时才为假(a 不隐含 b)	D6
5. 按位运算：假定 a 和 b 为两个长度相同的整型数据(Byte 型、Integer 型或 Long 型)，把它们看做是两个长度相同的二进制数，每一位的 1 看做真，0 看做假，则应用上面的 6 种运算(a And b、a Or b、Not a 等)，结果为 c，c 的每一位是 a 和 b 的相应位进行运算的结果，其数据类型与 a 和 b 相同				

关于运算符还有很多需要加以说明，请务必注意。

(1)关系运算中的双字符运算符(＞＝，＜＝，＜＞)的两个字符之间不能留空，也不能颠倒。

(2)表中的例子都很简单，实际上参加运算的往往含有变量，例如比较两个变量的大小。

(3)如果对数值运算的精度有要求，就要注意参加运算的变量和常量的类型。数值表达式的运算结果一般为 Double 或 Long 类型。如果参加运算的两项精度不同，则运算结果取精度高的类型。例如，在立即窗口试求以下结果：

```
? 1/3
0.333333333333333                    '结果为 Double 型
x! =3                                'x 为 Single 型变量
? 1/x
0.3333333                            '结果为 Single 型
? 1.0/x
0.333333333333333                    '结果为 Double 型
? typename(1.0)
Double                               '这是因为 VB 把 1.0 当做 Double 型
```

(4)优先级的问题。大家都知道“先乘除，后加减”，这表示乘除运算的优先级要比加减运算高。表 2-3 中列出了各种运算的优先级。先看数值运算。最高为幂运算(A1 级)，然后是取负(A2 级)，接着是乘除(A3)、整除(A4)、求余数(A5)，最低为加减(A6)。当然，必要时可以加括弧(只能是圆括弧)来改变运算次序。

再来看逻辑运算(按位运算)，在 6 种运算中最高为单目运算 Not(D1)，然后依次为 And(D2)、Or(D3)、Xor(D4)、Equ(D5)，最低为隐含运算 Imp(D6)。

连接运算的优先级为 B，6 种比较运算的优先级不分高低，全为 C。

所有运算在一起比较优先级高低，A 级(数值运算)最高，然后是 B 级(比较运算)、C 级(连接运算)，最后是 D 级的逻辑运算或按位运算。

举一个经典的例子，虽然复杂一些，但只要对问题加以分析，解决也不难。

【实例 2-2】 假定变量 *y* 代表年份，要写出一个表达式，当 *y* 是闰年时该表达式为真，反之为假。闰年的条件是：

A. *y* 是 4 的倍数而不是 100 的倍数(充分条件)。

B. *y* 是 400 的倍数(充分条件)。

条件 A 可以表达为：

((*y* mod 4)＝0)and not ((*y* mod 100)＝0)

其中，(*y* mod 4)＝0，即 *y* 除 4 余 0，就表示 *y* 是 4 的倍数。这里的等号是关系运算，而不是赋值。

用括号是为了更清楚些，不加也没有问题(优先级起作用)：

y mod 4＝0 and not *y* mod 100＝0

条件 B 可以表达为：

y mod 400＝0

条件 A 和条件 B 只要一个成立就可以，所以判别 *y* 是闰年的表达式为：

(*y* mod 4＝0 and not *y* mod 100＝0)or (*y* mod 400＝0)

可以在立即窗口中验证一下：

```
y%=2008
?(y mod 4=0 and not y mod 100=0)or (y mod 400=0)
True                                   '2008 是闰年
y=2009
?(y mod 4=0 and not y mod 100=0)or (y mod 400=0)
False                                  '2009 不是闰年
y=1900
?(y mod 4=0 and not y mod 100=0)or (y mod 400=0)
False                                  '1900 不是闰年
y=2000
?(y mod 4=0 and not y mod 100=0)or (y mod 400=0)
True                                   '2000 是闰年
```

(5)整除(\)运算的操作数(分子和分母)如果带小数，先四舍五入，再计算结果；如果带符号，若相同结果为正，若不同结果为负。例如：

13.8 \-3.4=-(14 \ 3)=-4

(6)求余数运算(mod)的操作数(分子和分母)也可以带小数或符号。如果带小数，先四舍五入，再计算结果；分母如果为负，取其绝对值；分子如果为负，先取绝对值，然后结果加负号。例如：

-13.8 mod-3.4=-(14 mod 3)=-2

(7)关系(比较)运算和逻辑运算的结果都是布尔型，主要用于条件表达式。计算机程序都是非常灵活的，要根据不同情况，做出不同判断，进行不同处理，所以条件表达式的应用非常广泛。大家要从判别闰年这个例子中，学会如何把文字表达的条件写成正确的条件表达式。

(8)运算时类型的自动转换问题。按说，各种运算都要求参加运算的数据为合理的类型。例如，连接运算(& 或+)只能用于两个字符型数据，逻辑运算只能用于两个布尔型数据，否则就会出错。可是，VB是一个太宽松的编程语言，它往往会自作聪明，在必要时自动完成类型转换，然后进行运算，例如：

● 在逻辑运算中，遇到数值型数据，如果是0，就看做False；不是0，就看做True。例如：2+3 or 3-3 结果为 True

● 在数值运算中，遇到True就看做-1，遇到False就看做0。例如：(90>80)+(90>60) 相当于 True+True，结果为-2

● 在数值运算中，遇到可以变为数值的字符串(例如"-3.5"、"4e2"等)，先转换成数值再运算。例如，在立即窗口中检验：

```
s$="-3.5"              's是字符型变量，赋值
?10+s                  '计算表达式，并输出
6.5                    '输出相当于10+(-3.5)=6.5，居然不出错
```

● 连接运算要用"&"，不要用"+"。连接运算用"&"时遇到数值，就先转换成字符串。如 3 & 4.2 结果为"34.2"。如果使用"+"，加数和被加数中只要一个是数值，都把"+"看做

是数值运算，而不是连接运算。例如：

"4"+3　　　　　　　结果为 7

4+"3"　　　　　　　结果为 7

4 & 3　　　　　　　结果为 "43"

"4"+"3"　　　　　　结果为 "43"，只有"+"号两边都是字符型时才看做连接运算

如果在文本框 Text1 和 Text2 中分别输入 3 和 4，则

Text1. Text+Text2. Text

相当于 "3"+"4"，结果为"34"而不是 7。这是因为 Text 属性的类型是字符型，而不是数值型。

● 日期型数据可以加减天数(可含小数)，结果仍为日期型。例如：

#2005-9-25# +1.5 相当于 1 天半以后，结果为 #2005-9-26 12:00#

#2005-9-25# -#1986-5-20#　　　　　结果为 7068

因为两个日期型数据之差为两个日期之间相隔的天数。

在 VB 中，日期型数据可以看做一个数值型数据，即该日期与 #1899-12-30 00:00# 之间相差的天数，其中的整数部分为日期，小数部分为时间。该数值称为日期的"系列数"。

例如，在立即窗口中用单精度数显示#1900-1-1 6:00#：

? Csng(#1900-1-1 6:00#)

2.25　　　　　　　'输出：2.25

? #1900-1-1 6:00#-#1899-12-30#

2.25　　　　　　　'输出也是 2.25

其中 Csng 为类型转换函数，将括号内的数据转换成 Single 型。

第六节　表达式和赋值语句

前面已经多次提到表达式。究竟什么是表达式呢？

表达式是由常量、变量、函数用运算符连接而成的计算公式。单独一个常量，或变量，或函数都可以看做是一个表达式。表达式的运算结果称为表达式的值，该值的数据类型称为表达式的类型。表达式是对数据进行处理的基础。程序中为处理数据，需要大量的赋值语句，而赋值语句的格式为：

变量名=<表达式>

因此，用表达式来正确表达处理数据的算法是学习程序设计的基本功。

注意

(1)注意赋值语句等式两边的数据类型。如果相同没有问题，VB 将右边表达式的计算结果赋值给左边的变量；如果不同，还有以下 3 种情况：

● 左边的变量为 Variant(变体)型，则直接赋值，变量类型改变；

● 左边的变量不是 Variant(变体)型，而 VB 能够将计算结果的类型转换为变量的类型，则将转换结果赋值给变量。例如变量为 Integer 类型，表达式的计算结果有小数，四舍五入后仍然在 Integer 的取值范围内，则可以赋值，但可能降低精度。

● 左边的变量不是 Variant(变体)型，且 VB 无法将计算结果的类型转换为变量的类型，

则出错。

(2)由于VB在进行类型转换时太灵活，往往自作聪明，有可能造成错误而发现不了。为提高程序的可靠性，必要时，要在表达式中用类型转换函数(见下文)，使两边的数据类型相一致。

表达式并非只在赋值语句中使用。程序中随处都会用到表达式。例如下面要讲到的函数的参数，都可以是表达式。如何写出正确的表达式，充分运用表达式，大有学问。

第七节 VB常用函数

运算符提供的数据处理能力比较有限，完全依靠这些运算来处理复杂的问题会十分费力。函数提供了解决复杂运算问题的有效途径，加以充分利用，可以大大提高处理能力。

以正弦函数为例，如果单纯依靠以上运算符去计算变量 x 的正弦值，显然无法实现，而在VB中只要用Sin(x)来表示变量 x 的正弦值，十分方便。

实际上，函数是由一整段程序实现的，这段程序称为函数过程。可以自己来编写一个函数过程，以实现预定的功能，称为自定义函数(后面会讲到)。不过，VB已经为各种应用提供了大量的内部函数，功能十分强大。学习并运用VB内部函数，既方便又可靠，可以大大提高程序质量和编程效率，达到事半功倍的效果。

函数都有一个名称，称为函数名。函数可以有一个或多个自变量，称为函数的参数，也可以一个参数也没有。调用函数时，执行函数过程，会返回一个结果，称为函数的值。函数值的数据类型称为函数的类型。因此，函数可以直接放在表达式中参加运算。例如，要得到Sin 45°的值，可以使用下列赋值语句：

```
y=Sin(3.1415926/4)          '参数要用弧度，45°=π/4 ≈ 3.1415926 / 4
```

**注意**

函数的参数放在函数名后面，并用括弧括起。参数可以是一个表达式(如3.1415926/4)。如果有多个参数，参数之间用逗号分隔。不同函数对输入参数的个数和每个参数的类型都有要求，要正确使用，避免出错。

一、数学函数

- 三角函数　有正弦函数Sin(x)，余弦函数Cos(x)，正切函数Tan(x)和反正切函数Atn(x)等。

单位：弧度。角度要化为弧度：

弧度=角度 * π/180

注意

函数在表达式中的写法，例如 Sin^2 35°即Sin 35°的平方，要写成：

```
Sin(35 * 3.1416/180)^2
```

- 对数函数 Log(x)和指数函数 Exp(x)（以 e 为底），例如：

  $\text{Log}(10)=\text{Log}_e 10$，$\text{Exp}(1)=e\approx 2.71828182845905$

- 平方根函数　Sqr(x)（x 不能为负）。
- 绝对值函数　Abs(x)，例如：abs($x-y$)表示 $x-y$ 的绝对值$|x-y|$
- 取整函数　Int(x)，取$\leqslant x$ 的最大整数。例如 Int(3.8)＝3，Int(－3.8)＝－4。

  Fix(x)，取 x 的整数部分。例如 Fix(3.8)＝3，Fix(－3.8)＝－3。

  显然，若 $x<0$ 时两者有区别。

- 符号函数 Sgn(x)：

$$\text{sgn}(x)=\begin{cases}1 & \text{当 } x>0\\ 0 & \text{当 } x=0\\ -1 & \text{当 } x<0\end{cases}$$

- 随机函数 Rnd(r)。参数 r 可以不加。

随机函数 Rnd 返回 0～1 的一个随机数(Single 类型)，即 0<Rnd<1。所谓随机数是指随机产生的数，无法预测。随机函数在测试、模拟、游戏等程序中有广泛应用。例如，模拟掷骰子，要产生一个 1～6 的随机整数，可以用表达式：

```
Int (Rnd * 6)+1
```

可以在立即窗口中试验一下：

```
? Rnd
 0.7055475
? Rnd
 0.533424
? Rnd
 0.5795186
? Rnd
 0.2895625
```

每次返回的函数值都不一样。这样产生的一系列随机数形成一个序列，称为随机数序列。序列中的每个数都是从其前面的数经过某种运算产生的，因此整个序列由第一个数(种子)决定。所以说，这样产生的随机数不是真正的随机数，数学上称为伪随机数。

注意

为了防止程序每次运行时都产生同一个随机数序列，可以在程序中用一条 Randomize 语句(一般放在窗体的 Load 事件过程中)。该语句随机产生一个随机数的种子，从而改变整个随机数序列。

二、日期时间函数

要取得系统的日期和时间可以使用以下几个不带参数的函数：

- 日期函数 Date 和 Date＄　取系统日期，前者为日期型，后者为字符型。
- 时间函数 Time 和 Time＄　取系统时间，前者为日期型，后者为字符型。

- 日期和时间函数 Now　取系统日期和时间。
- 当天已过时间总秒数 Timer　精确到小数两位。

带参数 *d*(日期型表达式)的函数:

- Year (*d*),Month (*d*),Day (*d*) 取 *d* 的年、月、日(Integer 型)。
- Hour(*d*),Minute(*d*),Second(*d*)　取 *d* 的时、分、秒(Integer 型)。
- Weekday (*d*)　算出星期几(1~7)。

按西方习惯,星期天是第一天(返回 1),星期一是第二天(返回 2)。可以加上第 2 个参数,用:

```
Weekday (d,vbMonday)
```

表示按中国习惯,以星期一作为第一天,算出星期几。星期一返回 1,星期天返回 7。其中第 2 个参数表示以哪一天作为星期的第一天。vbMonday 为 VB 符号常量,等于 2。

三、字符串函数

在现代程序中经常要对字符型数据(字符串)进行处理,如查找、替换,从姓名中分出姓和名等。使用字符串函数会给我们带来很大方便。

- 取子字符串函数 Left、Right、Mid(以下用类型后缀表示参数类型):

Left (*s*$,*n*%)函数　取字符串 *s* 左边 *n* 个字符,如:

```
Left ("Basic",3)="Bas"
```

Right (*s*$,*n*%)函数　取字符串 *s* 右边 *n* 个字符,如:

```
Right ("Basic",3)="sic"
```

Mid (*s*$,*m*%,*n*%)函数　从字符串 *s* 第 *m* 个字符开始,取 *n* 个字符,如:

```
Mid ("Basic",2,3)="asi"
```

如果想从第 *m* 个字符开始,取后面所有字符,可以省去第 3 个参数,如:

```
Mid ("Basic",2)="asic"
```

- 求字符串长度函数:

Len(*s*$)函数　返回字符串 *s* 包含的字符数。

Lenb(*s*$)函数　返回字符串 *s* 所占的字节数。

在立即窗口中验证:

```
s="Visual Basic"
? Len(s$)
12                                  's 中有 12 个字符
? Lenb(s$)                          's 占 24 个字节
```

- 查找子串函数 InStr (*s1*$,*s2*$)　在字符串 *s1* 中查找子字符串 *s2*,如果找到,返回子串 *s2* 在 *s1* 中的起始位置,如果找不到,返回 0。例如:

```
InStr ("Welcome","come")=4
```

也可以从 *s1* 的某个指定位置开始查找,为此需增加一个参数,将开始位置作为第一个参数。例如:

```
InStr (3,"Welcome","e")=7           '第 2 个 e 的位置
```

- 转换函数 val、Str、Chr、Asc、Lcase 和 Ucase:

Val (*s*＄)函数 取字符串 *s* 左边可作数值的字串进行转换。例如：

val ("1.23mm")＝1.23

val ("1.23e2abc")＝1.23e2＝123 '科学计数法，e2 相当于 $\times 10^2$

Str (*x*)函数 将数值型数据 *x* 转换成字符串。例如：

Str (5/4)＝"1.25" '"1.25"是一个字符串！

Chr (*n*)函数 求 Unicode 码为 *n* 的字符，例如 Chr (65)＝"A"。

Asc (*s*＄)函数 求字符串 *s* 第一个字符的 Unicode 码，例如 Asc ("Abc")＝65。

注意

中文 VB 使用双字节的 Unicode 码，看做 Integer 类型，大于 32 768(2^{15})时将显示为负数，可以在立即窗口中验证：

? asc ("爱国")

－20306 '"爱"的 Unicode 码为 65 536－20 306＝45 230

? chr (－20306)

爱

? chr (45230)

爱

Lcase(*s*＄)函数 将字串 *s* 中所有大写字母转换为小写字母。

Ucase(*s*＄)函数 将字串 *s* 中所有小写字母转换为大写字母。例如：

Lcase("One＝1 And Two＝2")＝"one＝1 and two＝2"

Ucase("One＝1 And Two＝2")＝" ONE＝1 AND TWO＝2"

● 重复函数：

Space(*n*%)函数 返回 *n* 个空格。

String(*n*%，*s*＄)函数 返回 *n* 个字串 *s*＄ 的第一个字符，例如 String (4，"Abc")＝"AAAA"。

● 去空格函数 Ltrim(*s*＄)、Rtrim(*s*＄)、Trim(*s*＄)

Ltrim(*s*＄)函数去掉字符串 *s* 左边的空格，Rtrim(*s*＄)函数去掉字符串 *s* 右边的空格，Trim(*s*＄)函数去掉字符串 *s* 两边的空格，去掉空格后作为函数的值返回，参数 *s* 内容不变！字符串左右的空格往往发现不了(尤其对用户输入的文字)，影响程序的可靠性。要去掉变量 *s* 两边的空格，需要对 *s* 赋值，例如：

s＝Trim(*s*)

四、格式函数 Format

程序的输出和显示要达到一目了然的效果，就要讲究数据的输出格式。例如显示多行多列数据时，往往希望右对齐(数值型)，或左对齐(字符型)，希望数据所占的宽度(列的宽度)可以指定，同一列数据的小数位数相同(必要时后面加 0)，小数点对齐，等等。Format 函数就是为了满足这些要求而设计的格式函数。这个函数有两个参数：

Format (<表达式>，<格式字符串>)

该函数将表达式的值按指定格式进行转换。

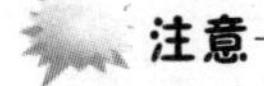

注意

Format 函数类型为字符型(String),返回一个字符串,即使看上去像是一个数组或日期。例如:

Format (1.2,"00.000")= "01.200"

Format(#2009-3-8#,"yy.m.d")= "09.3.8"

格式字符串规定要输出的格式。理解 Format 函数的关键在于对格式字符串中每一个字符含义的理解。格式字符串中的字符分为一般字符和格式字符。一般字符(非格式字符)按原样输出,格式字符才影响表达式的输出格式。

例如,在立即窗口中执行下面两条打印语句,显示函数值:

```
? Format(Date,"今天是 yy-mm-dd")     '日期以 yy-mm-dd 格式输出,汉字是一般字符
今天是 10-01-12
? Format(Date,"今年是 yyyy 年")      '日期用 4 位年份输出
今年是 2010 年
```

格式字符与表达式的类型有关。表 2-4、表 2-5 和表 2-6 分别列出对数值型、日期型和字符型表达式可用的格式字符。

表 2-4 用于数值型表达式输出的格式字符

格式字符	说明	例
0	占一位数字,没有时补 0	Format(2.3,"00.00")="02.30"
.	小数点,按原样输出	
%	百分号,转换为百分数	Format(0.456,"00.00%")=" 45.60%"
#	一位数字,没有时不补,用于指定小数最多位数,不影响整数部分	Format(3.456,"##.##")="3.46" Format(123.4,"##.##")="123.4"
,	千分位	Format(12345.3,"#,###.00")="12,345.30"

表 2-5 用于日期型表达式输出的格式字符

格式字符	说明	例:设 dt=#2010-2-15 15:3:5#
yy,yyyy	2 位、4 位年份	Format(dt,"yyyy")="2010"
m,mm	1 位、2 位月份	Format(dt,"yy 年 mm 月")="10 年 02 月"
mmm	3 位英文缩写月份:Jan,Feb,…	Format(dt,"mmm,yyyy")="Feb,2010"
mmmm	英文月份:January,February,…	Format(dt,"mmmm,yyyy")="February,2010"
d,dd	1 位、2 位日期	Format(dt,"yy/mm/d")="10/02/15"
ddddd	整个日期(年、月、日)	Format(dt,"ddddd")="2010-2-15"

续表

格式字符	说　明	例:设 dt=＃2010-2-15 15:3:5＃
h,hh	1位、2位小时	Format(dt,"d 日 h 时")="15 日 10 时"
m,mm	1位、2位分钟(需以 h:或 hh:开始)	Format(dt," hh:mm")="15:03"
s,ss	1位、2位秒	Format(dt," hh:mm:ss")="15:03:05"
ttttt	整个时间(时:分:秒)	Format(dt," ttttt")="15:03:05"
AM/PM	分上下午显示时间	Format(dt,"h:mAM/PM")="3:03PM"
Medium Time	按我国习惯显示时间	Format(dt," Medium Time")="下午 03:03"

表 2-6　用于字符型表达式(数值型和日期型先转换为字符型)输出的格式字符

格式字符	说　明	例:设 s="AbCd"(例中"/"为一般字符)
@	字符或空格(例中空格用_表示)	Format(s,"@@/@@@")="_A/bCd"
&	字符,有则显示,没有不显示	Format(s,"&&&/&&&")="A/bCd"
!	左对齐,不加时为右对齐	Format(s,"! @@/@@@")="Ab/Cd_"
＜	大写转换为小写	Format(s,"＜@@@@")="abcd"
＞	小写转换为大写	Format(s,"＞@@@@")="ABCD"

五、判断函数和类型转换函数

1. 判断函数

程序中经常需要针对不同情况进行不同处理,防止出现意外错误,提高程序的可靠性。判断函数可以提供简单的解决方法。＜exp＞表示参数为任何表达式。

● IsNumeric(＜exp＞)函数　如果 exp 是数值(包括可以看做数值的字符串,如"12.3"),或者是布尔型的值,返回 True,否则返回 False。

● IsEmpty(＜变量名＞)函数　如果变量尚未赋值,返回 True,否则返回 False。

● IIf(＜条件＞,＜exp1＞,＜exp2＞)函数　如果条件成立,计算表达式＜exp1＞的值并返回,否则计算表达式＜exp2＞的值并返回。＜exp1＞和 ＜exp2＞可以是不同类型的表达式。

这个函数非常有用,可以代替简单的条件语句(If 语句,见后文)。例如:

Iif (x＜60,"不及格","及格")

如果成绩 x＜60,返回"不及格",否则返回"及格"。

● Typename(＜exp＞)函数　返回表达式的类型名。

● IsDate (＜exp＞)函数　如果是合法的日期返回 True,否则返回 False。

2. 类型转换函数

Cint(＜exp＞),CLng(＜exp＞),CSng(＜exp＞),CStr(＜exp＞),Cdate(＜exp＞)等,用于显示转换表达式结果的数据类型。先求表达式的值,而后转换成指定类型的数据。注意函数名的取法:第一个字符 C,后面为类型名称的缩写。Cint 函数将表达式转换为 Integer

类型，CLng 将表达式转换为 Long 类型，CSng 将表达式转换为 Single 类型，CStr 将表达式转换为 String 类型，Cdate 将表达式转换为 Date 型等。例如：

```
? Cdate(10.25)
1900-1-9 上午 06:00:00
? Csng(#1900-1-9 6:00:00#)
 10.25
```

六、其他常用函数

● RGB(r,g,b)函数。参数 r,g,b 分别代表红、绿、蓝三色的数值，取值范围均为 0～255。函数返回相应的颜色值。

$$RGB(r,g,b)=r\times 256^2+g\times 256+b$$

● QBColor(*n*)函数(*n*=0,1,…,15)。返回 16 种常用颜色的值。为兼容早期的 Basic 版本而设。

第八节　语句的书写格式和智能化输入功能

VB 程序是由一条条语句组成的。一般情况下，每行一条语句。如果语句很短，也允许一行多条语句，这时要在语句之间用冒号(:)作分隔符，如：

```
a=1 : b=2 : c=3
```

长语句一行写不下，希望分多行书写时，可在换行前加续行符(短划线_)，例如：

```
s="学习这门课程时要掌握以下几点:" & vbCrLf _
& "一是要有一个整体观念。" & vbCrLf _
& "二是要重视动手实践。" & vbCrLf _
& "三是要培养和提高学习兴趣。" & vbCrLf _
& "四是要注意学习方法。"
```

这条语句将 5 行文字赋值给字符型变量 *s*。由于字符串很长，又包含 4 个回车换行(用 VB 常量 vbCrLf 表示)，所以要分成多个字符串，并用连接运算符(&)把它们连接起来。这一条赋值语句分成 5 行书写，前 4 行末尾都要加续行符(_)。经常需要在续行符前面加一个空格，与前面的文字(例中为 vbCrLf)分开来，否则 VB 会把"vbCrLf_"当做一个变量名看待，引发语法错误。

程序的注释部分以单引号(')开头，止于换行。注释部分可以放在语句后面，也可以单独成行。注意输入时要用西文的单引号，否则也会出错。VB 会用绿色显示注释部分。前面已经有很多例子，这里就不多说了。

VB 有很多智能化功能，为程序输入提供极大方便。充分利用这些功能，不仅能够提高输入效率，也能大大减少输入错误。以下择要举例加以说明，希望大家在程序输入时注意屏幕显示，不要只顾闷头输入，吃力不讨好。

(1)自动形成事件过程框架。例如，在窗体设计窗口中双击按钮 Command1，会自动转到窗体的代码窗口，并产生一个 Command1_Click 的事件过程框架，如图 2-2 上部所示。也可以在代码窗口的上部左边"对象下拉框"中选择一个控件(如 Text1)，再在右边"过程下拉框”中选择该控件的一个事件(例如 KeyPress,按键时发生),也会自动产生一个 Text1_KeyPress 事件过程框架,如图 2-2 下部所示,并显示这个过程有一个 Integer 型输入参数 KeyAscii,即按键的 ASCII 码。

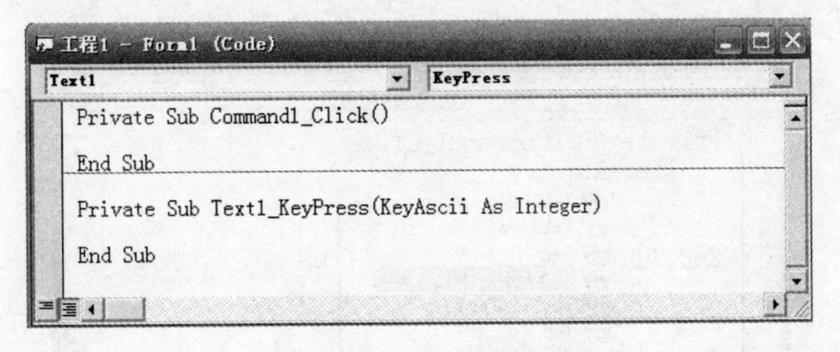

图 2-2　事件过程框架

(2)输入一条语句,VB 会立即检查语法,如有错误会立即提示,如图 2-3 所示。出错语句用红色显示。

图 2-3　立即检查语法

(3)显示正在输入的关键字列表供选择。在程序中输入关键字(包括对象名、函数名等)时,随时可按“Ctrl+j”键,VB 就会显示关键字列表,每输入一个字符,列表也不断更新,如图 2-4 所示,使你很容易找到要输入的关键字,单击之即可完成输入。

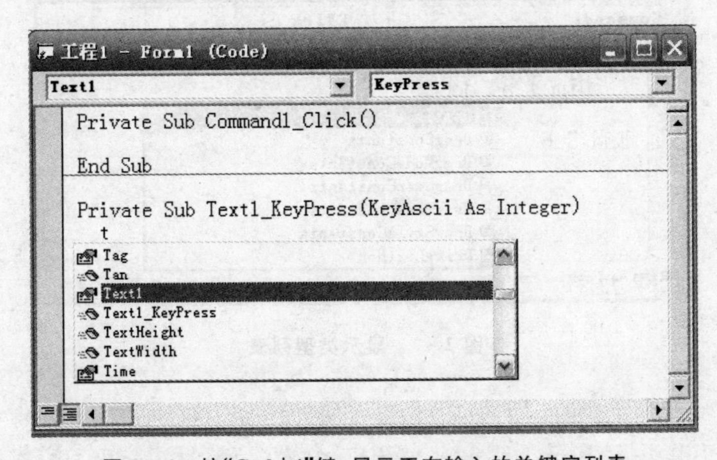

图 2-4　按“Ctrl+j”键,显示正在输入的关键字列表

(4)输入对象属性时自动显示属性列表供选择。在输入属性变量时,输入对象名,加点(.)时会自动显示该对象的属性列表。每输入一个字符,列表也不断更新,如图 2-5 所示。选择所需属性,按回车键即可。

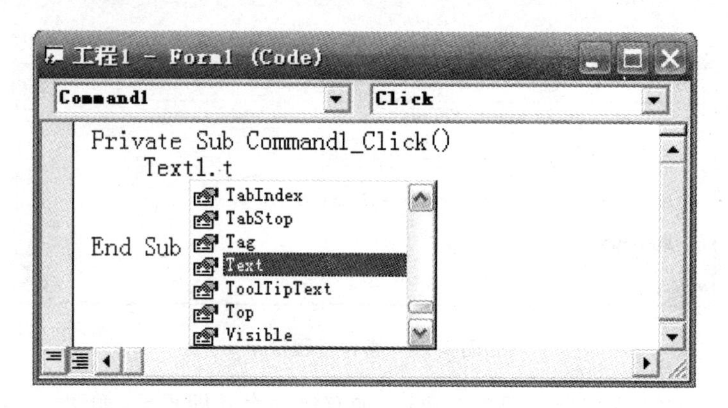

图 2-5　自动显示属性列表

(5)自动显示该函数的参数及其类型列表和函数类型。输入函数名或过程名后,打左括号或空格,VB 会显示该函数的参数及其类型列表,如图 2-6 所示。

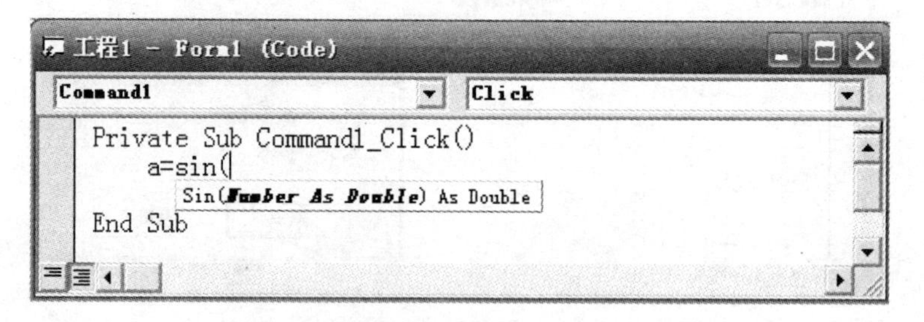

图 2-6　提示函数所需参数、参数类型和函数类型

(6)输入声明语句中的变量类型时,会显示类型列表供选择,如图 2-7 所示。

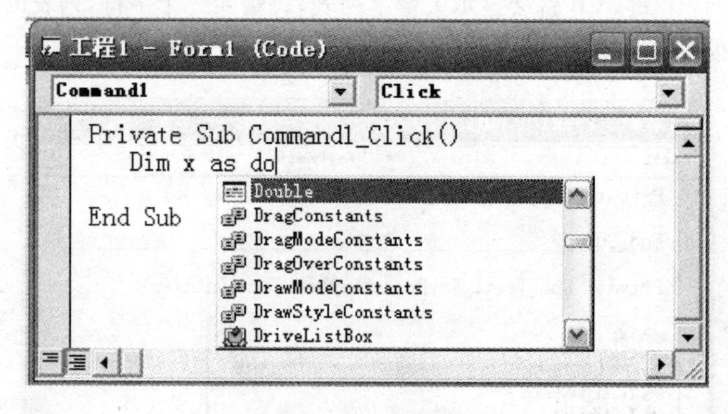

图 2-7　显示类型列表

上机实训2

【上机目的】

(1)学习数据类型、运算、VB内置函数和VB表达式。

(2)熟悉对象及其属性、方法、事件的概念 。

(3)学习图标文件的制作方法。

【上机题】

(1)写出下列表达式的值和类型。

题 号	表 达 式	值	类 型
1	3 * 3 ^ 2/2		
2	4+7 mod 3		
3	#2003 - 11 - 10# - 5		
4	Not 5>8		
5	"abc">"Zoo"		
6	Left("Hello",2)		
7	20\6		
8	"5"+"6"		
9	Len("123456")		
10	2 ^ 3>3 and 5>10		

(2)选择题

①在下列4个标识符中,________不能作为VB的变量名。

A. km　　B. Pi　　C. 2kg　　D. wrong

②用 dim *k*!,*m* $,*n*% 声明变量后,变量 *k* 是________型,*m* 是________型,*n* 是________型。

A. Integer　　B. Single　　C. Double　　D. String

③窗体文件的扩展名是________,标准模块文件扩展名是________,工程文件的扩展名是________。

A. cls　　B. vbp　　C. bas　　D. frm

④窗体加载时发生该窗体的________事件,单击窗体发生该窗体的________事件。改变窗体大小时发生该窗体的________事件。如果发生一个以上事件,至少填写一个。

A. Click　　B. DblClick　　C. Load　　D. ReSize

⑤在文本框中输入字符时将依次发生该控件的________事件、________事件、________事件和________事件。

A. KeyPress　　B. KeyDown　　C. KeyUp　　D. Change

提示

编写文本框各事件过程，在每个过程中打印不同信息，再在文本框中输入一个字符，验证事件发生的先后次序。

⑥VB 程序中，同一行内输入多个语句时，语句之间的分隔符是________。一条语句分多行输入时，续行符为________。

A. 冒号　　B. 分号　　C. 下划线　　D. 逗号

(3)根据下表描述要求写出表达式。

序　号	描　　述	表　达　式
1	求 x 被 y 除的余数	
2	求 x 被 y 整除的值	
3	求 x 开 3 次方的值	
4	求 cos x 的平方根	
5	4 到 20 之间的一个随机整数	
6	3 被 $x+2$ 除	
7	取字符串 s 的后面两个字符	
8	文本框 Text1 为空	
9	取文本框 Text1 中的数值	
10	取 x 和 y 的最小值	

(4)制作题：

①制作阴影文字，运行时如图 2-8 所示。窗体无框，双击关闭。保存到 T1 文件夹下。

VB程序设计　双击关闭

图 2-8　制作的阴影文字

提示

阴影文字由两个错开的标签叠加而成，上面用红色，下面用黑色，都要将 BackStyle 属性设为透明。窗体背景色为深黄色，BoarderStyle 属性为 0 - None。没有边框不好关闭，所以要在其 DblClick 事件过程中加入结束语句 End。将窗体的“ToolTipText”属性设为“双击关闭”，则当鼠标指向窗体时会给予提示(见图 2-8)。

②用 VB 自带的 Imagedit 程序制作图标，程序窗口如图 2-9 所示。可以制作自己喜爱

的图标，图标文件保存到作业的 T2 文件夹下。

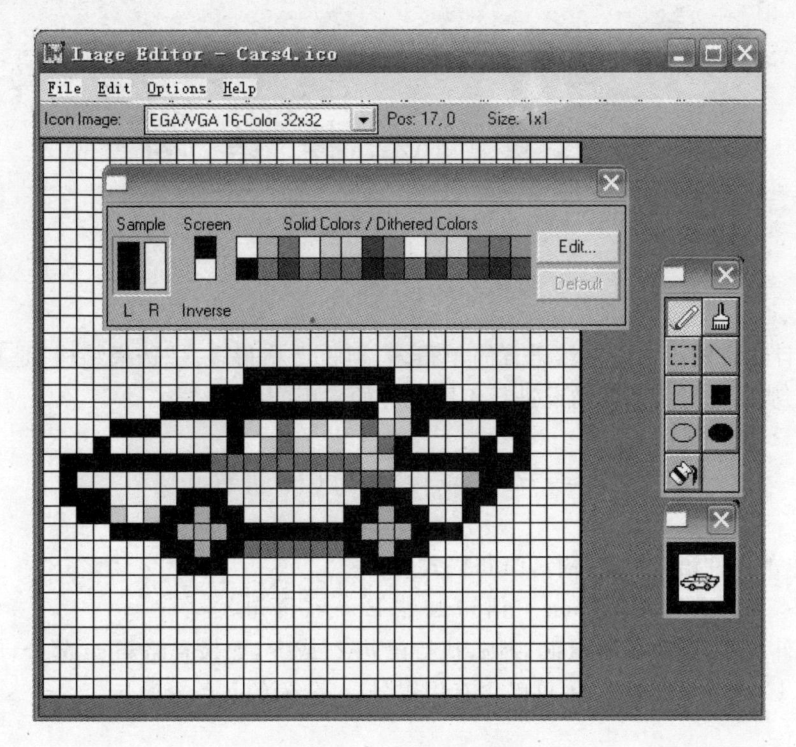

图 2-9　制作图标文件

说明

Imagedit 程序在 VB 光盘的 COMMON\TOOLS\VB\IMAGEDIT 文件夹中。

第三章　选择结构

程序设计语言的语法比自然语言简单得多，但也严格得多。“选择结构”是指用于表达分析、比较、判断，并针对不同情况进行不同处理的常用的语法结构。

第一节　条件语句（If 语句）

（1）简单的条件语句只需一行，语句格式为：

If <条件表达式>Then <语句 1>[Else <语句 2>]

如果条件成立，则执行语句 1，否则，执行语句 2；或者，如果省略 Else 部分，就什么也不做。<语句 1>和 <语句 2>中可以含有用冒号（:）分隔的几条短语句。

例如：

- If a <0 Then a=-a
- If x>=0 Then y=sqr(x) Else y=-x
- d=InputBox ("请输入您的出生日期","输入")

If Isdate (d) Then Print "您生于";d Else Print d; "不是一个合法的日期"

（2）如果 Then 或 Else 后面要执行多行语句，If 语句的结构就要包含若干行。语句格式为：

```
If <条件 1>Then
    <语句块 1>
[ElseIf <条件 2>Then
    <语句块 2>… ]
[Else
    <语句块 3>]
End If
```

这种结构可以用如图 3-1 所示的程序流程图来表示。

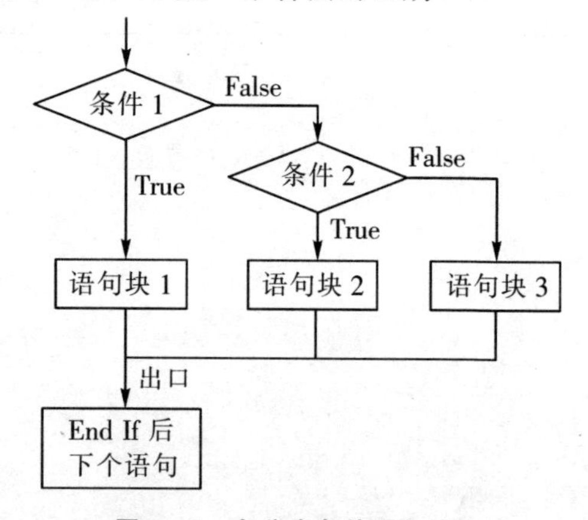

图 3-1　多分支条件语句结构

注意

一种语句结构，应该只有一个入口和一个出口，例如，不能从结构外直接转入结构内（跳过 If 行），也不能从这些结构内部直接转到结构外面（跳过 End If 语句），否则会破坏程序结构，引发运行错误。

在语句块中可以加入 Exit If 语句，强行跳出，不再执行后续语句，直接转到 End If 的下个语句。

所谓语句块，既可以是几条简单的语句，也可以包含比较复杂的结构语句，如其他 If 语句或选择结构语句、循环结构语句，从而形成复杂的嵌套结构。

【实例 3-1】 中国的法定结婚年龄为男 22，女 20。编程要求输入双方年龄，并显示是否允许登记结婚。

程序要求：启动后立即显示输入对话框，要求输入男方年龄，如果不到 22，显示“男方未到法定婚龄，不能登记结婚！”；如果达到，再显示输入对话框，要求输入女方年龄。如果女方年龄不到 20，显示“女方未到法定婚龄，不能登记结婚！”；如果也达到，显示“男女双方均已达到法定婚龄，可以登记结婚！”。

把这段程序放在一个按钮的 Click 事件过程中，按钮的 Caption 属性不妨设为“婚龄检验”。为了叙述方便，在每行语句前面加了一个行号。

```
1  Private Sub Command1_Click()
2    '声明两个变量：M_age 为男方年龄，F_age 为女方年龄
3    Dim M_age As Integer, F_age As Integer
4    M_age = InputBox("请输入男方年龄", "输入")
5    If M_age < 22 Then
6       MsgBox "男方未到法定婚龄，不能登记结婚！"
7    Else
8       F_age = InputBox("请输入女方年龄", "输入")
9       If F_age < 20 Then '嵌套的 If 语句
10          MsgBox "女方未到法定婚龄，不能登记结婚！"
11      Else
12          MsgBox "男女双方均已到法定婚龄，可以登记结婚！"
13      End If
14    End If
15 End Sub
```

注意

语句的嵌套结构和表示方法。为突出显示程序结构（不影响语法），第 1 个 If 语句的 If（第 5 行）、Else（第 7 行）和 End If（第 14 行）要左对齐。第 2 个 If 语句（9～13 行）的 If（第 9 行）、Else（第 11 行）和 End If（第 13 行）也要左对齐。第 2 个 If、Else 和 End If 之间的语句要缩得更进去（更右）一些，这样才能突出显示第 2 个 If 语句嵌套在第 1 个 If 语句内部（Else 与 End If 之间）。

程序运行时，先判断男方年龄，如果<22，条件满足，用消息框显示不能登记后就不再执行 Else 后面的语句，否则才需要输入判断女方年龄，并用消息框显示判断结果。

【实例 3-2】 编写一段程序，输入某门课程成绩，用消息对话框输出其等级：不及格

(<60),及格(60～75),良好(76～90)或优秀(>=90),以及相应评语。

```
Private Sub Command1_Click()
  '声明两个变量:cj(成绩)和 dj(等级和评语)。
  Dim cj As Integer,dj As String
  cj=InputBox("请输入课程得分:","输入")
  If cj < 60 Then
      dj="不及格,遗憾!"
  ElseIf cj <=75 Then                    '如果 cj>=60,再检查是否<=75
      dj="及格,还要努力!"
  ElseIf cj < 90 Then                    '如果 cj>75,再检查是否<90
      dj="良好,争取更好成绩!"
  Else                                   '否则即 cj>=90
      dj="优秀,祝贺!"
  End If
  MsgBox "等级:" & dj,vbInformation,"评语"      '只显示"确定"按钮,省去
                                                Buttons 参数的按钮成分
End Sub
```

第二节　选择语句(Select 语句)

If 语句比较适合“2 选 1”的情况,使用 ElseIf 或者多重嵌套的 If 语句可以实现“多选 1”(实例 3-2),但在很多情况下,使用 Select 语句往往更简单明了。

Select 语句的格式:

```
Select Case <测试表达式>
  [Case <取值范围表达式表>
    <语句块>]
  [Case …]
  [Case Else
    <语句块>]
End Select
```

【实例 3-3】 程序要求与实例 3-2 的相同,但用 Select 语句来编写,放在 Command2_Click 事件过程中。

```
Private Sub Command2_Click()
  Dim cj As Integer,dj As String          '成绩为整数,dj 为评语
  cj=Int(InputBox("请输入课程得分","输入"))
  Select Case cj                          '测试表达式为变量 cj(成绩)
      Case Is < 60                        '取值范围"Is < 60",不能写成"cj < 60"!
          dj="不及格,遗憾!"
      Case 60 To 75                       '取值范围"60 To 75",不能写成"cj>=60
```

```
                                        and cj<=75"!
            dj="及格,还要努力!"
        Case 76 To 89                   '取值范围在 76 至 89 范围内!
            dj="良好,争取更好成绩!"
        Case Else                       '其他情况,即 cj 取值不在以上各种范围内!
            dj="优秀,祝贺!"
    End Select
    MsgBox dj,vbInformation,"评语"     '显示评语消息框
End Sub
```

从上例可以看出,程序根据 Select Case 后面的“测试表达式”的值进行分支。依次测试该值是否在 Select Case 至 End Select 之间某个 Case 后面的“取值范围表达式”表示的范围之内。如果是,则执行该 Case 后面的语句块;如果不在所有 Case 后面的“取值范围表达式”表示的范围之内,则执行 Case Else 后面的语句块后。取值范围表达式有以下几种表示方法:

- 常量或常量列表,如:10,20,25(取其中之一即可)。
- 在两个数值之间,值 1 To 值 2,如:30 To 50。
- Is <比较符>常量,如:Is>50(满足条件即可,即若以测试表达式的值代 Is,条件表达式应为真)。

输入时可省略 Is,VB 会自动补上。

Select 语句结构又称多分支结构,可以用图 3-2 来表示。

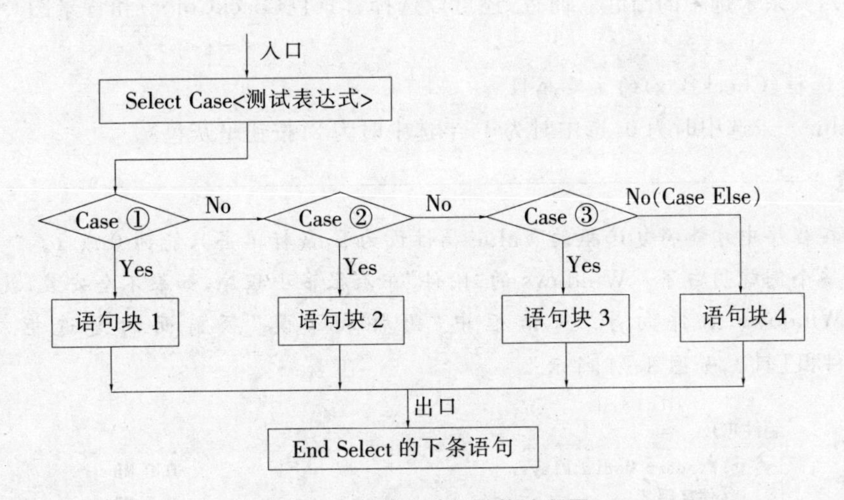

图 3-2 多分支选择结构流程图

第三节 单选按钮、复选按钮和框架

单选按钮(OptionButton ⊙)和复选框(CheckBox ☑)往往成组出现。每组单选按钮中只能选中一个,而对复选框没有这种限制。“成组”单选按钮或复选按钮是指放在同一个“容器”中。除了窗体、图片框可以用做容器外,框架(Frame)是专用于将一组单选按钮、复选

框和其他控件框起来的容器。

例如,图 3-3 左图下部有 3 个框架,左边“字体”框架中有 4 个单选按钮,用于在 4 种字体中选择 1 种。中间“字号”框架中有 4 个单选按钮,用于在 4 种字号中选择 1 种。右边“字形”框架中有 4 个复选框,用于选择 1 种字型。选择结果用于改变上面文本框中文字的属性。

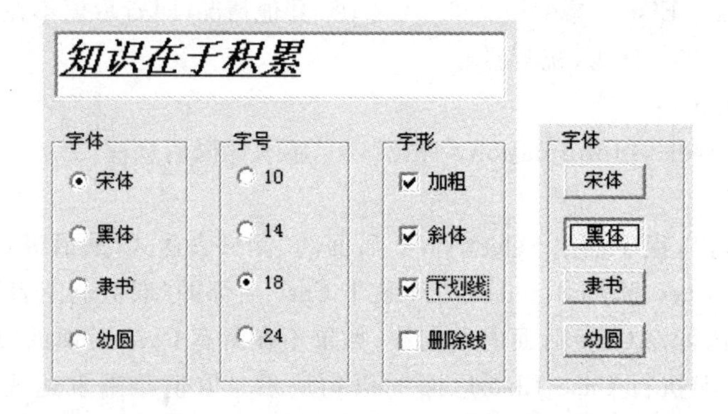

图 3-3 单选按钮、复选框和框架举例

1. 单选按钮(OptionButton)的主要属性

- Value 布尔型,选中时为 True,未选中时为 False。
- Caption 按钮右边或表面显示的文字。
- Style 0—Standered 圆形按钮,1—Graphical 矩形按钮。

当 Style 为 1 时,单选按钮很像是命令按钮(见图 3-3 右图),不过单击它时凹下(图中选了黑体),其余未选中的凸起。而且,还可以选择背景色(BackColor)和背景图片(Picture)属性。

2. 复选框(CheckBox)的主要属性

- Value 未选中时为 0,选中时为 1,半选中时为 2(按钮呈灰色)。

注意

只有在程序中才能将复选框的 Value 属性设为 2,鼠标单击只能为 0 或 1。“半选”是什么意思?举个例就明白了。Windows 的“附件”中有很多小程序,如果不全安装,就会发现控制面板“Windows 组件向导”对话框中“附件和工具”项前面的复选框就呈灰色(附件和工具),如图 3-4 所示。

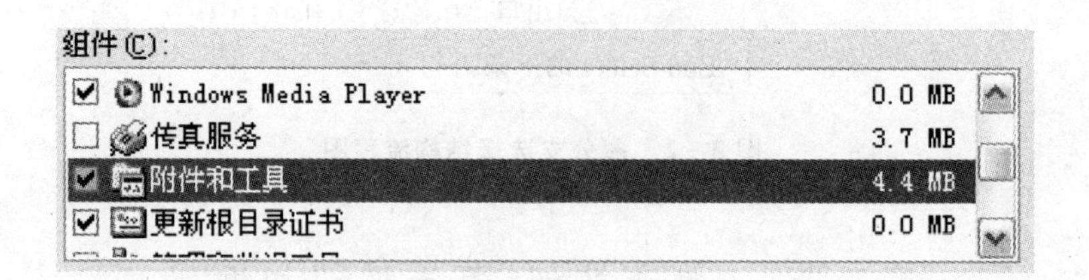

图 3-4 “半选”的状态

如果单击这个复选框,就只能全选或全部不选。要想“半选”,必须单击“详细信息…”按钮,在“附件和工具”对话框中进行设置。

● Caption　复选框右边或表面显示的文字。

● Style　0—Standered,形如"☑ 斜体"1—Graphical 矩形按钮。形如"加粗"。

当 Style 为 1 时,复选框和单选按钮一样很像是命令按钮,点中时凹下,未选中时凸起,而且,还可以选择背景色(BackColor)和背景图片(Picture)属性。

3. 框架(Frame)的主要属性

只要记住一个:Caption,即框架边框上的文字。图 3-3 中 3 个框架的标题分别为"字体"、"字号"和"字形",用于说明框架的作用。

拖动框架时将连同框架内部控件一起拖动。删除框架将同时删除框架内的所有控件。要将控件移出或移入框架不能用拖动,而要用复制再粘贴的方法。如果先画出控件,再画框架,即使控件看起来在框架内部,实际上不是框架的内部控件。所以要先画框架,再在框架内画控件。

第四节　滚　动　条

滚动条分为水平滚动条(HScrollBar)和垂直滚动条(VScrollBar)。两者除了放置方向不同外,其余没有差别。图 3-5 所示为水平滚动条。滚动条用于在某个指定范围(从最小的 Min 到最大的 Max)内取值,滚动块的位置决定滚动条的值(Value)。单击滚动条两端箭头可以少量改变(SmallChange)其值,单击滚动块两边可以较大改变(LargeChange)其值,拖动滚动块可以随意改变其值。滚动条可以用于用户希望能够改变某些值的任何地方,如图片和文字的位置和大小,颜色的值,等等。

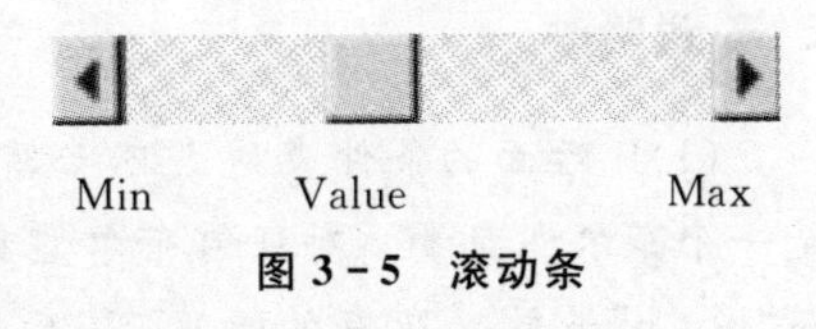

图 3-5　滚动条

滚动条的主要属性有:

● Value　当前值。

● Max　最大值。

● Min　最小值。

● LargeChange　大增量。

● SmallChange　小增量。

滚动条主要用到两个事件:

● Change 事件。当滚动条的值(Value)改变时发生。如果拖动滚动块,则仅当放开鼠标按键时才发生 Change 事件。

● Scroll 事件。当正在拖动滚动块时发生。可以在拖动滚动块时取滚动条的 Value 值。

【实例 3-4】　用滚动条设置文本框(Text1)的背景色(BackColor)和文字颜色(ForeColor)。

如图 3-6 所示,用 3 个滚动条 RedBar、GreenBar 和 BlueBar 分别代表三基色的色值,最小值都是 0,最大值都是 255。SmallChange 和 LargeChange 不妨设为 5 和 20。

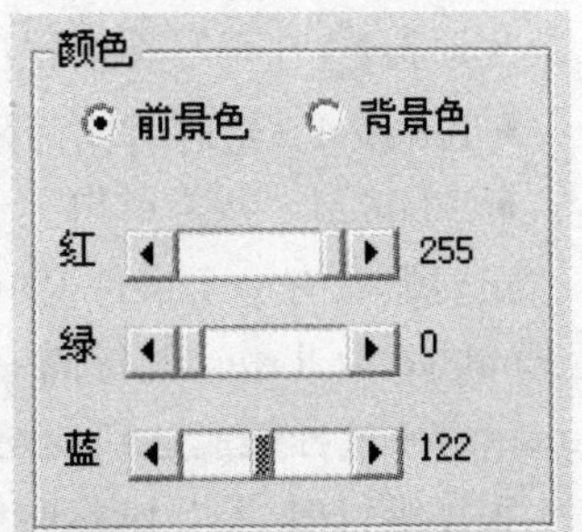

图 3-6　用滚动条设置颜色

要使文本框 Text1 的前景色或背景色随任何一个滚动

条改变而改变，只要在每个滚动条的 Change 事件和 Scroll 事件过程中加上以下语句(Option1为前景色单选按钮)，第一个滚动条 RedBar 的 Change 事件过程：

```
Private Sub RedBar_Change ()
    Dim Color1 As Long
    Label1. Caption=RedBar. Value                '在滚动条右边显示其 Value 值
    Color1=RGB(RedBar. Value,GreenBar1. Value,BlueBar. Value)
    If Option1. Value then
        Text1. ForeColor=Color1
    Else
        Text1. BackColor=Color1
    End IF
End Sub
Private Sub RedBar_Scroll ()
    RedBar_Change                                '调用上一个事件过程，不必另编
End Sub
```

说明

(1)If 后面的条件表达式不必写成 Option1. Value=True，因为 Option1. Value 本身就是一个布尔型变量。对任何布尔型变量 b，表达式“b=True”与“b”等效，表达式“b=False”与“not b”等效。在有的情况下，后者更清楚。例如假定用布尔型变量 IsMale 表示性别，True 表示男性，False 表示女性，那么，“If IsMale”或“If not IsMale” 就比“If IsMale=True”或“If IsMale=False”读起来顺口，更好理解。

(2)图 3-6 中每个滚动条两边各有一个标签。右边这个标签的值显示基色的色值，要随着滚动条变化。为此只要在事件过程中加入一条赋值语句。例如，在 RedBar 的 Change 事件过程中加入了：

```
Label1. Caption=RedBar. Value
```

(3)两个单选按钮在一个框架中，选择其中之一，则另一个自动变为未选中。

第五节　定时器 Timer

定时器在编写动画程序时非常有用。它的属性很少。用到的只有两个：

- Interval　定时时间间隔，单位为毫秒。
- Enabled　是否可用。布尔型。

定时器只有一个事件，事件名称也叫 Timer。定时器的功能很简单：如果 Interval>0 而且 Enabled 为 True，则每隔一定时间(Interval)就发生一次 Timer 事件。利用定时器的 Timer 事件过程就能达到动画效果。

程序运行时，不显示定时器图标。

【实例 3-5】 设计一个数字时钟。方法很简单：用一个标签显示系统时间，每隔 1 秒更

新1次。稍许再复杂一点，加上一个按钮，控制时钟停止或继续。

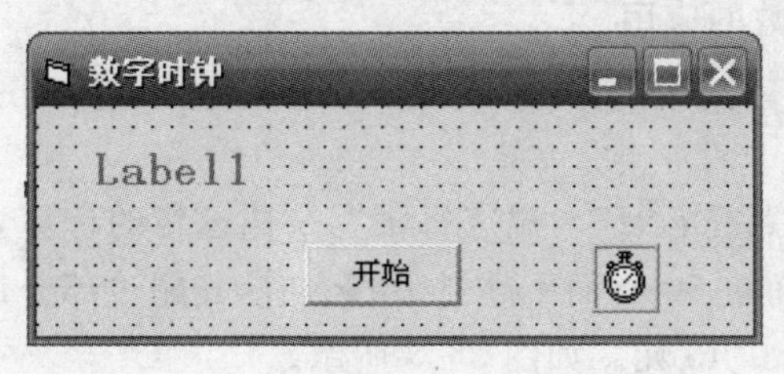

(a)界面设计

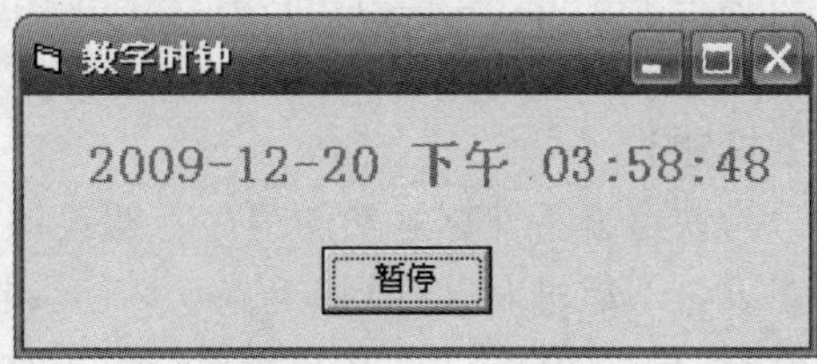

(b)运行时

图3-7　数字时钟

程序界面如图3-7(a)所示，运行时如图3-7(b)所示。控件属性设置如下。可以在设计阶段设置，也可以在窗体的加载事件过程(Form1_Load)中用下面的赋值语句完成：

窗体：　　Me.Caption="数字时钟"
定时器：　Timer1.Inetrval=1000(1000毫秒=1秒)
　　　　　Timer1.Enabled=False（定时器不工作）
标签：　　Label1.AutoSize=True（标签大小随内容改变）
　　　　　Label1.ForeColor=vbRed（红色字体）
命令按钮：Command1.Caption="开始"

程序代码如下：

```
'按钮的Click事件过程：
Private Sub Command1_Click()
'每次单击按钮，改变定时器的Enabled属性，达到暂停或继续的目的：
  Timer1.Enabled=Not Timer1.Enabled
'改变按钮标题：如果定时器正在工作(Enabled)，显示"暂停"，否则，显示"继续"
  If Timer1.Enabled Then
     Command1.Caption="暂停"
  Else
     Command1.Caption="继续"
  End If
End Sub
'定时器的Timer事件过程：
Private Sub Timer1_Timer()
  Label1.Caption=Now              '显示当前日期和时间
End Sub
```

上机实训3

【上机目的】

(1)学习选择结构程序设计。

(2)进一步熟悉窗体界面设计、控件的属性。

(3)学习条件表达式的表示方法。

(4)熟悉 Format 函数、Time 函数、Sqr 函数的应用。

(5)熟悉定时器的应用。

【上机题】

(1)为铁路编写计算运费的程序。假设铁路托运行李,规定每张客票托运费的计算方法是:行李重量不超过 50kg 时每千克 0.25 元;超过 50kg 而不超过 100kg 时,其超过部分每千克 0.35 元;超过 100kg 时,其超过部分每千克 0.45 元。如图 3-8 所示。

(2)编程求一元二次方程 $ax^2+bx+c=0$ 的根,如图 3-9 所示。

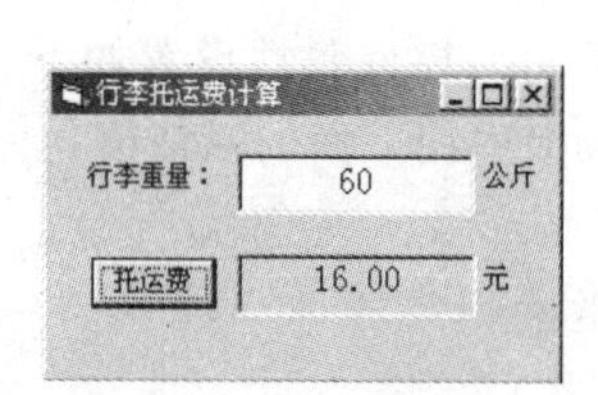

图 3-8　题(1)图

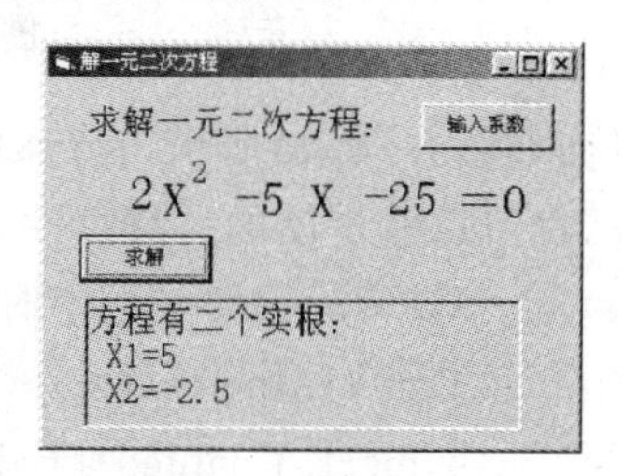

图 3-9　题(2)图

要求:输入系数 a,b,c,显示方程,判断方程根的虚实,解方程,结果打印在下面的图片框中。

(3)输入年份,判定这一年是否为闰年,如图 3-10 所示。

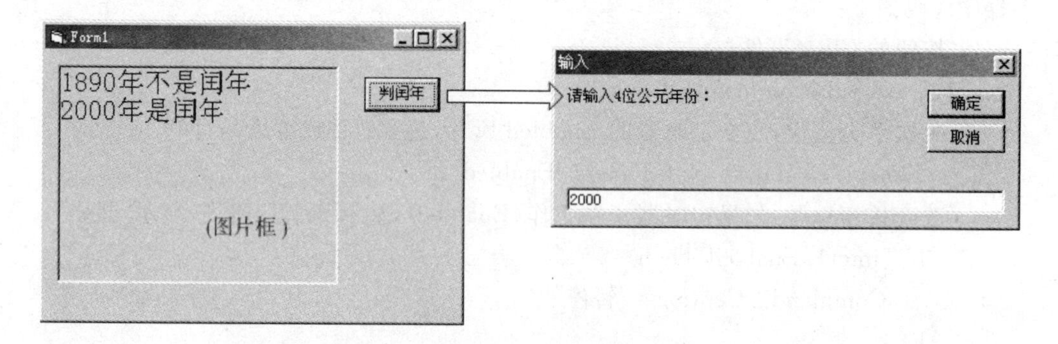

图 3-10　题(3)图

(4)设计一个计时器,能够设置倒计时的时间,并进行倒计时,如图 3-11 所示。

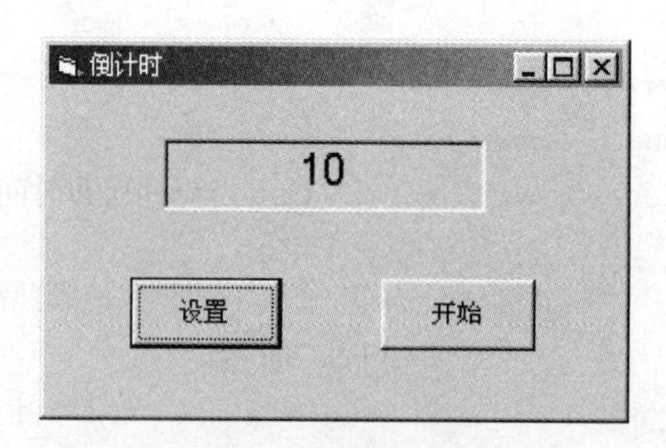

图 3-11　题(4)图

第四章　循环结构

循环结构和选择结构一样，是描述算法的又一种语句结构和语法。

先举一个例子：计算从 10 到 500 的正整数之和：

　　Sum＝10＋11＋12＋…＋499＋500

假定没有等差级数求和的高斯公式［按高斯公式 Sum＝(10＋500)×491÷2］，就不能用一个有 491 项的求和表达式的赋值语句来完成这个计算。如果要从 1 加到 10 000 呢？写一个一万项的表达式？那不成了写个“万”字要用一万个“一”的当代笑话了吗。

解决这个问题可用循环语句。

第一节　For…Next 循环语句

上面的例子可以用如下循环算法来解决。

(1)设定变量 x 的初值为 1。变量 Sum 的初值为 0。

(2)将 Sum 加 x，即 Sum＝Sum＋x。

(3)x 增加 1，即 $x=x+1$。

(4)如果 x 不超过 500，则转到 2，继续执行。

(5)如果 x 超过 500，则完成计算，结果在变量 Sum 中。

以上算法可以用图 4－1(a)所示流程图来形象地加以说明。虽说这种算法没有用高斯公式聪明，但因为计算机运算速度很快，虽然要循环 491 次，但能立即算出结果。

For 循环结构的格式：

```
For ＜计数器＞＝＜初值＞To ＜终值＞[Step ＜步长＞]
    ＜语句块＞
Next ＜计数器＞
```

说明

(1)＜计数器＞必须是数值型变量，可以是浮点型，执行 For 语句时赋以初值，并记住终值。

(2)步长可正可负，也可以带小数，默认值为 1。

(3)当计数器变量达到或超过终值时，终止循环。

(4)循环体中可用 Exit For 语句强行中止循环。

For…Next 循环结构可以用图 4－1(b)所示流程图来形象地加以说明。上面计算 10 到

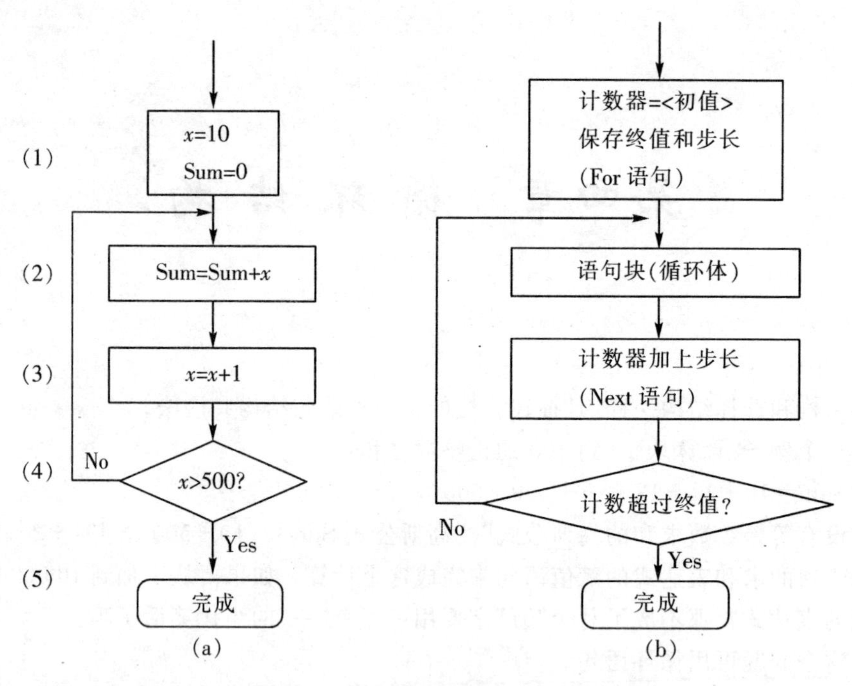

图 4-1　For…Next 循环结构流程图

500之和的问题可以用以下程序段：

```
Private Sub Command1_Click()
    Dim i As Integer                          '用作计数器
    Dim Sum As Long                           '总和将超过 Integer 型取值范围，
                                               所以用长整型
    For i=10 To 500
        Sum=Sum+i                             '循环体只有一条语句
    Next i
    Print "Sum=10+11+…+500=";Sum             '将结果打印到窗体
End Sub
```

运行程序，单击命令按钮 Command1，将在窗体上输出：

```
Sum=10+11+…+500=125205
```

不妨用上面的高斯公式验证一下，看结果是否相同。例如在立即窗口执行：

```
? (10&+500) * 491 / 2
125205                                        '结果相同
```

表达式中在整数 10 后面加“&”，使其后运算都按 Long 型计算，否则会产生“溢出”错误。

【实例 4-1】 打印九九乘法表(两重循环)。

(1)代码如下：

```
Private Sub Command1_Click()
        Dim i As Integer
        Dim j As Integer
```

```
'输出第 1 行,数字两边会自动加一个空格
Print " * ";
ForeColor=vbRed
For i=1 To 9
  Print i; " ";                          '只需多加一个空格
Next i
Print '换行
'输出下面 9 行
For m=1 To 9
  ForeColor=vbRed                        '第一列用红色
  print m;
  ForeColor=vbBlue                       '后面用蓝色
  For n=1 To m
    Print Tab(n * 4); m * n;
  Next n
  Print                                  '换行
 Next m
End Sub
```

(2)运行程序,结果如图 4-2 所示。

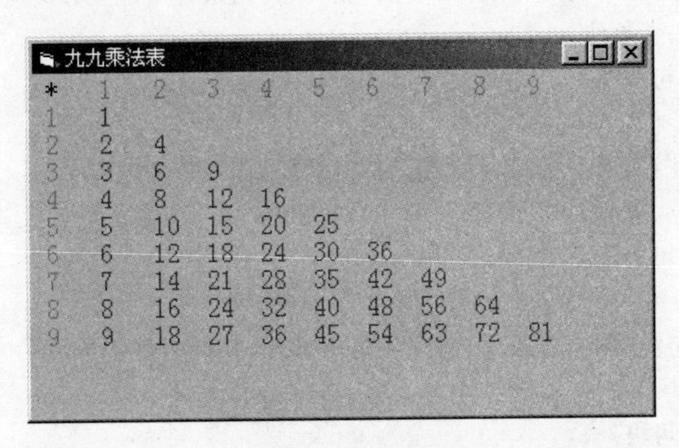

图 4-2 九九乘法表

第二节 集合与 For Each…Next 循环语句

集合是一组同类的数据或对象。集合也有名称,但其中的成员不一定是排列有序的。例如,窗体中所有控件组成一个集合,集合名称为 Controls。Controls 也是窗体的一个属性,所以窗体 Form2 的所有控件组成的集合是 Form2. Controls。

对集合中的每个成员进行类似的处理,可以用 For Each…Next 循环语句。

语句格式:

For Each ＜变量＞In ＜集合名＞

```
    <循环体>
Next [<变量>]
```

变量的类型应与集合中元素的类型相同。

【实例 4-2】 单击窗体时移动窗体中所有控件。

代码如下：

```
Private Sub form_Click()
  Dim ob1 As Control               'Control 是控件的总类名,也可用 Object(对象)
  For Each ob1 In Controls
    ob1.Left=ob1.Left+20
  Next ob1
End Sub
```

如果只要对集合中部分成员进行处理，可以在循环体中增加条件语句。

第三节　Do…Loop 循环语句

Do…Loop 语句以下有 4 种形式：

(1)先检查条件，如果满足，执行语句块，循环，直到条件不成立：

```
Do While <条件>
    <语句块>
Loop
```

(2)先检查条件，如果不满足，执行语句块，循环，直到条件成立：

```
Do Until <条件>
    <语句块>
Loop
```

(3)先执行语句块，再检查条件，如果满足则循环，直到条件不成立：

```
Do
    <语句块>
Loop While <条件>
```

(4)先执行语句块，再检查条件，如果不满足则循环，直到条件成立：

```
Do
    <语句块>
Loop Until <条件>
```

前两种先检查条件是否成立，称为前测型，其流程如图 4-3 所示；后两种先执行语句块，再检查条件是否成立，称为后测型，其流程如图 4-4 所示。第(1)、第(3)两种用“While <条件>”表示 While(当)条件成立时要循环，称为“当型”；另两种用“Until <条件>”表示循环 Until(直到)条件成立才结束，条件不成立时要循环，称为“直到型”。前测型循环语句如果第一次测试条件就不满足，就会一次也不执行循环体。后测型不会发生这种情况，至少执行一次循环体。

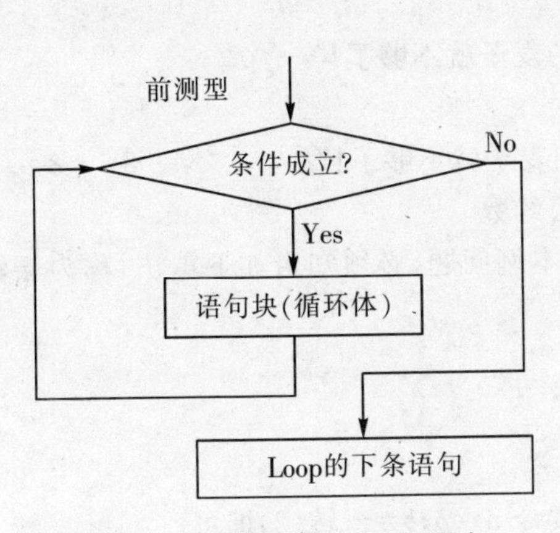

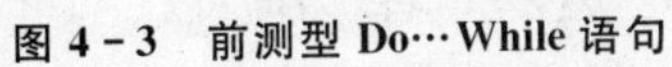
图 4-3 前测型 Do…While 语句

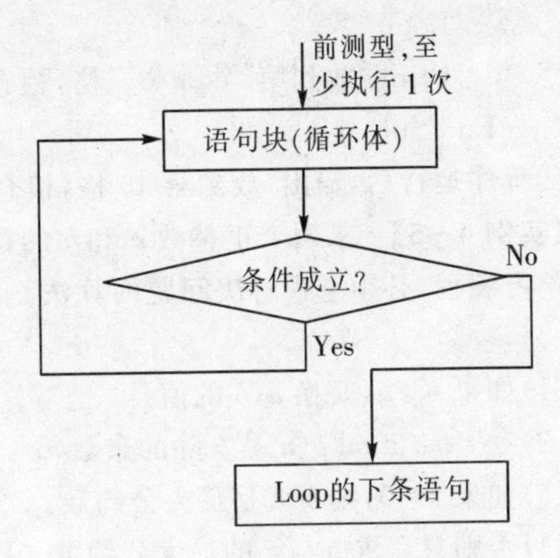

图 4-4 后测型 Do…While 语句

【实例 4-3】 用 Do…Loop 语句计算 Sum=10+11+12+…+500 的值。

程序如下:

```
Private Sub Command1_Click()
  Sum=0
  i=10
  Do While i <=500
    Sum=Sum+i
    i=i+1
  Loop
  Print "Sum=10+11+…+500=";Sum
End Sub
```

【实例 4-4】 国王的奖励。有个爱下棋的国王要奖励棋王,棋王要求在棋盘第 1 格放 1 粒麦子,第 2 格加倍,第 3 格再加倍,直到最后一格(国际象棋共 64 格,如图 4-5 所示)。国王想一想就同意了。国王粮仓里有 10 万吨麦子,1 粒麦子只有 0.1 克。请问:国王粮仓里的麦子够不够奖励棋王?如果不够,能奖励到棋盘的第几格?

图 4-5 国际象棋棋盘

①程序代码如下:

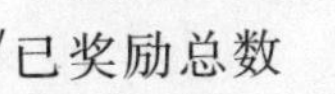

```
Private Sub Command1_Click()
  Dim q As Single              '一格的麦子数
  Dim s As Single              '已奖励总数
  Dim k As Integer             '格子编号
  q=0.0001: k=1: s=q           '初值 q=0.1g,k=1(第 1 格)
  Do While s < 1e8             '如小于 10 万吨,执行循环体
    k=k+1                      '下一格
    q=q * 2                    '麦子加倍
```

```
    s=s+q                    '总数
  Loop
  Print "放到第" & k & "格,粮仓里的麦子就不够了!"
End Sub
```

②程序运行后,输出“放到第 40 格,粮仓里的麦子就不够了!”

【实例 4-5】 求两个正整数 a 和 b 的最大公约数。

学习编程,必须重视解决问题的算法。解决本例问题,必须知道如下算法,称为辗转相除法。

(1)如果 $b>a$,交换 a、b 的值。

(2)令 $c=a \bmod b$(a 被 b 除的余数)。

(3)如果 $c=0$,则 b 就是最大公约数。

(4)否则只需求 b 与 c 的最大公约数。即只要令 $a=b,b=c$,转(2)即可。

①程序代码如下:

```
Private Sub Command1_Click()
  Dim a As Integer,b As Integer,c As Integer
  a=val(InputBox("求两个数的最大公约数,请输入第一个正整数:"))
  b=val(InputBox("请输入第二个正整数:"))
  Print a; "和" ; b;            '在 a 和 b 未改变前输出两数。计算最大公约数后
                                继续输出答案
  If b < a Then c=b: b=a : a=c   '单行 If 语句
  Do
    c=a mod b
    If c=0 then
      Exit do                   '结束循环
    Else
      a=b
      b=c
    End If
  Loop
  Print "的最大公约数是";b
End Sub
```

②执行时,如果输入 $a=28,b=42$,则输出:28 和 42 的最大公约数是 14。

第四节　图片框和图像框控件

图片框(PictureBox)和图像框(Image)都可用于显示图片,但图片框又可用做“容器”和“画板”,用途更广泛。

图像框 Image 的主要属性:

- Picture 属性　所显示的图片。设计时:在对话框中选择图片文件;运行时:或者用其他

控件的 Picture 属性对它赋值，或者用 LoadPicture 函数指明图片文件。例如：

Image1. Picture＝LoadPicture ("c:\windows\Cloud. jpg")

Image1. Picture＝Image2. Picture

● BorderStyle(边框样式)属性　0—None(没有边框)或 1—Single Fixed(有边框)。

● Stretch(伸缩)属性　布尔型，指图是否会随框的大小伸缩。为 False(默认)时，框大小改变时，图大小不变；为 True 时，整个图装满框，框大小改变时，图大小跟着改变。

图片框 PictureBox 的主要属性：

● Picture 属性　所显示的图片，加载图片的方法与图像框相同。

● BorderStyle(边框样式)属性　同图像框，0—None(没有边框)或 1—Single Fixed(有边框)。

● AutoSize(自动大小)属性　布尔型，指框是否会随图的大小改变。为 False(默认)时，框大小不随图变；为 True 时框大小随图变。请对照图像框的 Stretch 属性，两者正好相反。

● Align(靠边)属性　指图片框是否"停靠"窗体四边之一。如果停靠，将随窗体大小改变而改变。可取值：0—None(不停靠)；1—Align Top(停靠顶部)；2—Align Bottom(停靠底部)；3—Align Left(停靠左边)；4—Align Right(停靠右边)。停靠属性与图片框当做容器有关。例如，假如希望有的控件，如按钮，始终保持在窗体的右边，不随窗体大小改变而改变，可以将这些控件放在图片框中，再将图片框的 Align 属性设为 4—Align Right 即可。

● AutoRedraw(自动重画)属性　图片框可以当做"画板"使用，因为它具有打印(Print)、画点(Pset)、画线(Line)、画圆(Circle)和清除(Cls)等绘图和"绘"文字的方法(详见绘图一章)。当"画板"被其他窗体遮挡过后，如果 AutoRedraw 为 False(默认)，则"画板"上已绘的图被遮挡部分被擦除；为 True 时不被擦除，因为已被自动重画。

● Font(字体)属性和 ForeColor(前景色)属性　与图片框的"画板"功能有关。Font 属性决定 Print 方法所打印的文字的字体、大小、粗体、斜体等；ForeColor 属性不仅决定打印文字的颜色，也决定 Pset、Line 和 Circle 方法画出的点或线条的颜色。

● 与"画板"功能有关的属性还有 DrawWidth(线宽)、DrawStyle(线条样式)、DrawMode(绘图方式)。详见绘图一章。

图像框常用于动画设计。下面举一个简单的例子。

【实例 4-6】　设计一个交通信号灯，有红、绿、黄三色，要求循环亮绿灯 20 秒，黄灯 3 秒，红灯 27 秒。

思路：设计红、黄、绿三色的信号灯各一幅图片文件，如图 4-6 所示。在窗体中加入 4 个图像框 ImgSignal、ImgGreen、ImgYellow 和 ImgRed，后面 3 个分别用绿、黄、红信号灯作为其 Picture 属性，并将其 Visible 属性设为 False，从而在程序运行时不可见。用一个变量 t，每秒加 1，从 0 到 50 循环计数。当 $t<20$ 时绿灯亮；当 $t=20\sim47$时黄灯亮；当 $t=47\sim50$ 时红灯亮。为此，要加入一个定时器 Timer1，并设置其属性：

Green. ico

Yellow. ico

Red. ico

图 4-6　信号灯图片文件

Timer1. Enabled＝True

Timer1. Interval＝1000　　　　'1 秒

使其每秒发生一次 Timer 事件。在 Timer 事件过程中编写代码：

```
Dim t as Integer
Private Sub Timer1_Timer()
    t=(t+1)Mod 50                                     '0～99 循环计数,99 时加 1 变为 0
    Select Case t
      Case Is < 20
        ImgSignal.Picture=ImgGreen.Picture  '绿灯亮
      Case 20 To 23
        ImgSignal.Picture=ImgYellow.Picture '黄灯亮
      Case Is>23
        ImgSignal.Picture=ImgRed.Picture    '红灯亮
    End Select
End Sub
```

提示

如果希望信号灯变化快一些,可以让 Timer1 的 Interval 属性小一些,例如取 500,则变量 t 每 0.5 秒加 1,信号灯变化快 1 倍。Interval 属性也可以动态改变,以控制信号灯变化的快慢。

另外,如果希望控制信号灯的信号停止或继续变换,只需改变定时器的 Enabled 属性(为 False 时停止,为 True 时继续)。例如在 ImgSignal_Click 事件过程中加入一行:

```
Private Sub ImgSignal_Click()
    Timer1.Enabled=Not Timer1.Enabled
End Sub
```

则单击信号灯,可停止信号灯的信号变换或继续变换。

为了使图像移动,经常要用到 Move 方法。大多数对象,包括窗体、文本框、标签、命令按钮等,都可以用 Move 方法来移动。Move 方法有 4 个参数,**调用格式:**

<对象名>.Move < Left>,< Top>,<Width>,<Height>

这 4 个参数就是大多数对象都有的 4 个位置属性。Left 和 Top 是对象左上角离容器(窗体或图片框)左边和上边的距离,Width 和 Height 是对象的宽度和高度。Move 方法能够同时改变这 4 个属性的值。如果只需改变前面 1 个、2 个或 3 个参数,可以不写出后面的参数。如果不改变前面或中间某个参数,可以空着,但逗号不能省。

【实例 4-7】 在实例 4-6 中增加一辆小车,让小车按交通规则行驶:红灯或黄灯亮时,如未过停车线就要在线后面停止,如已过停车线可以继续行驶;绿灯亮可以行。

思路:小车用另一个图像框 ImgCar,找一幅小车图片作为其 Picture 属性。要使其动起来,就要用另一个定时器,设为 Timer2,令 Timer2.Interval=10(0.01 秒),并在其 Timer 事件过程中进行编程。假定停车线与信号灯的距离为 Dist1,则小车可以继续行驶的条件是:

(1)绿灯亮:$t<20$,或者

(2)小车已过停车线:ImgCar.Left < ImgSignal.Left+Dist1,或者

(3)离停车线还有一段距离(>Dist2):ImgCar.Left>ImgSignal.Left+Dist1+Dist2。

程序运行时如图 4-7 所示。

图 4-7　信号灯与小车

Timer2_Timer 事件过程代码如下：

```
'定义常量：
    Const Dist1=1400
    Const Dist2=100
    Private Sub Timer2_Timer()
      If t < 20 Or ImgCar.Left < ImgSignal.Left+Dist1 Or _
        ImgCar.Left>ImgSignal.Left+Dist1+Dist2 Then
          ImgCar.Move ImgCar.Left-60 '左移 60
        '如果开出左边界,让它又从最右边出发
        If ImgCar.Left <0-ImgCar.Width Then ImgCar.Left=Me.Width
      End If
    End Sub
    '控制信号灯,单击使停止 / 继续变化
    Private Sub ImgSignal_Click()
        Timer1.Enabled=Not Timer1.Enabled
    End Sub
    '控制小车,单击使停止 / 继续行驶
    Private Sub ImgCar_Click()
        Timer2.Enabled=Not Timer2.Enabled
    End Sub
```

上机实训 4

【上机目的】

(1)学习循环结构程序设计。

(2)学习在图片框中打印,并利用 Format 函数排列整齐。

(3)学习有关算法。

【上机题】

(1)利用 For 循环显示 1 000 以内所有能被 37 整除的自然数,源文件保存到 T1 文件夹下。程序运行界面如图 4-8 所示。

(2)水仙花数是指一个三位数,其各位数的立方和等于该数。例如:$153=1^3+5^3+3^3$。编写程序,输出所有的水仙花数,源文件保存到 T2 文件夹下。程序运行界面如图 4-9 所示。

图 4-8　题(1)图

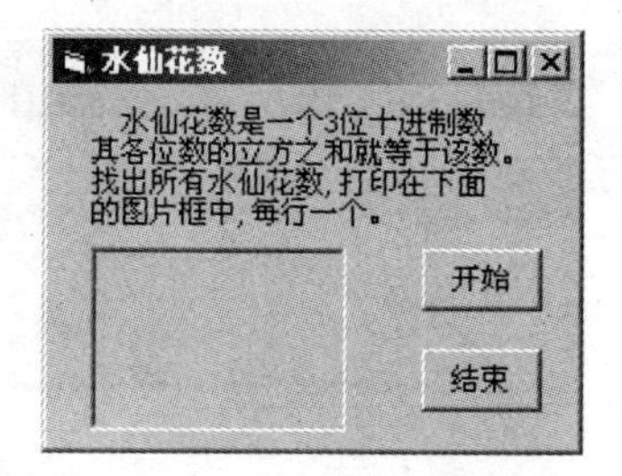

图 4-9　题(2)图

提示

假定 a,b,c 是三位数 x 的个位数、十位数和百位数，则：

$a=x \bmod 10$　　　$b=(x \bmod 100)\backslash 10$　　　$c=x\backslash 100$

x 是水仙花数的条件是 $x=a^3+b^3+c^3$

(3)编写程序，求出 100 以内的所有自然数对。自然数对是指两个自然数，它们的和与差都是平方数，例如 8 和 17 就是一对自然数对，因为 $8+17=25=5^2$，$17-8=9=3^2$。结果显示在一个文本框中。源文件保存到 T3 文件夹下。程序运行界面如图 4-10 所示。

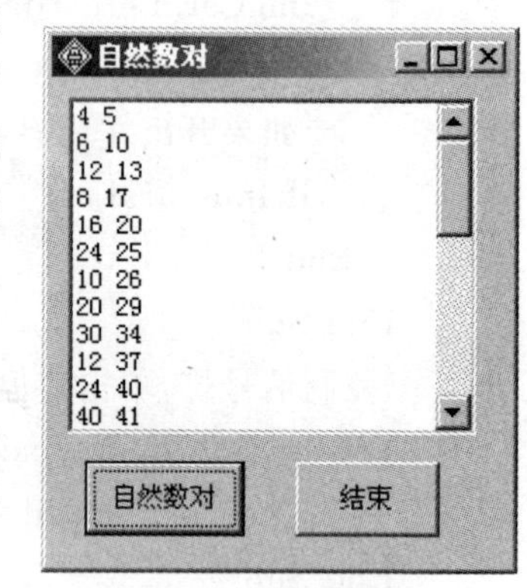

图 4-10　题(3)图

提示

(1)用二重循环：外层 n 从 2 到 99，内层 m 从 1 到 $n-1$。

(2)对每对 n 和 m，检查 $n+m$ 和 $n-m$ 是否都是平方数(即其平方根是整数)。

(3)判别 x 是否为整数：如果 $x=\text{Int}(x)$，则 x 是整数。

第五章　数　　组

第一节　数组的概念

数组是一种很常用的数据结构。什么是数组？一组变量，名字相同（数组名），数据类型相同，用下标（索引－Index）来区分，就称为数组。例如：

$a(0), a(1), \cdots, a(n)$

称为数组 a。其中包含 $n+1$ 个变量，每个变量都是数组 a 的成员，又称元素、下标变量。数组的下标也可以有 2 个，3 个，甚至更多。只有一个下标的数组称为一维数组，如上例的数组 a；有两个下标的数组称为二维数组，如：

$b(0,0), b(0,1), \cdots, b(0,n)$

$b(1,0), b(1,1), \cdots, b(1,n)$

……

$b(m,0), b(m,1), \cdots, b(m,n)$

这个二维数组 b 有 $(m+1)\times(n+1)$ 个元素。下标的个数称为数组的维数。

数组的数据类型就是其每个元素的数据类型。有两种形态的数组：

- 静态数组　一经定义（声明），其每个下标的取值范围不变，因而其成员数量也不变。
- 动态数组　成员数量可变。

还有一种特殊的数组，其成员是同类控件，如一组文本框组成的数组，称为控件数组。

第二节　静 态 数 组

一、数组的声明

数组必须先声明（定义）才能使用。定义一个一维数组的声明语句格式为：

Dim | Private | Public | Static 数组名([下界 To] 上界)[As 数据类型]

其中下界和上界是指下标的最小值和最大值。默认的下界为 0（或 1，如已声明 Option Base 1）。除变体（Variant）型外，数组内所有元素有相同类型。例如：

```
Dim a (4)As Integer            '含 5 个 Integer 型元素 a(0),…,a(4)
Dim s (10 To 20)As String      '含 11 个 String 型元素 s(10)到 s(20)
Dim b (3,2)                    '二维数组，变体型，4×3 个元素
```

数组一经声明，就要为其分配内存。例如，第一条声明语句将为 Integer 类型的数组 *a* 分配 10 个字节内存，从 *a*(0)到 *a*(4)，每个元素，依次连续，各占 2 个字节。对二维数组，如数组 *b*，则依次为：

b(0,0)，*b*(0,1)，*b*(0,2)，*b*(1,0)，*b*(1,1)，*b*(1,2)，…，*b*(3,0)，*b*(3,1)，*b*(3,2)

数组元素与一般变量一样使用。

注意

- 声明后，数值型数组每个元素的初值为 0，字符型数组每个元素的初值为空字符串。
- 声明数组和引用数组元素时，都用圆括号括住下标。
- 下标值不能超过声明的范围，否则出错，称为“越界”。
- 在同一作用域内，数组也不能与简单变量同名。

二、数组的赋值

每个数组元素都是一个变量，一般应逐个赋值。

1. 用循环语句赋值

如果要产生一个初值有规则的数组，可以用循环语句，例如：

```
For i=0 To Ubound (a)
    a (i)=i * 2
Next i
```

其中，Ubound (*a*)为上界函数，取数组 *a* 的上界。还有 Lbound (*a*)为下界函数，取数组 *a* 的下界。

如果要产生一个初值没有规则的数组，可以使用 Array 函数或 Split 函数。

2. 用 Array 函数赋值

格式：

Array (<表达式表>)

功能　创建一个数组，其元素依次取表中各表达式的值。产生的数组必须用一个 Variant 类型变量来接收。例如：

```
Dim a As Variant                            'a 是一个变体型变量
    a=Array (1,3 * 2,"abc")
```

结果 *a* 成为一个数组，且：*a* (0)=1，*a* (1)=6，*a* (2)="abc"

3. 用 Split 函数赋值

格式：

Split (<字符型表达式>[,<分隔字符>])

功能　将一个字符串分解为多个子串，形成一个字符型数组，同样须用一个 Variant 类型变量来接收。如果用空格作为分隔字符，可以省略第二个参数。例如：

```
Dim a As Variant                            'a 是一个变体型变量
    a=Split ("12,34,56",",")
```

结果 *a* 成为一个数组，且：*a*(0)="12"，*a*(1)="34"，*a*(2)="56"

4. 使用 InputBox ()函数输入数组初值

逐个输入，例如：

```
For i=0 To 5
    a (i)=Inputbox ("a (" & i & ")=")          '如 i=1 时提示：a (1)=
Next i
```

一次输入，例如：

```
Dim a As Variant,s As String
    s=Inputbox ("输入数据，用逗号隔开")
    a=Split (s,",")
```

程序运行时，如果在显示的输入对话框中输入"12,34,56"，则：

a (0)="12"，a (1)="34"，a (2)="56"

如果要给一个数值型数组赋值，还要进行转换，例如：

```
Dim a as Variant,s as String,b (5)As Integer
    s=Inputbox ("输入数据，用逗号隔开")
    a=Split (s,",")
For i=0 To Iif (Ubound (a)>5,5,Ubound (a))  '为防止下标越界，取两者较小者
    b (i)=Val (a (i))
Next i
```

三、数组的应用

要在大量数据中查找某个数据，往往需要先对数据进行排序。试想一部大词典，如果不按顺序编写，就将毫无用处。计算机虽然速度很快，可以从头到尾去查找，但这样查找的效率也会令人难以接受。从已经排过序的数据中查找，也需要一定的算法，以提高查找速度。排序和查找是数组的一个重要应用。

(一)数据排序(Sort)

假定数据已经保存在一个一维数组 a 中。编写程序，对数组中的数据从小到大进行排序，结果仍然放在数组 a 中。通常有 3 种算法，称为冒泡排序、选择排序和插入排序。

1. 算法 1——冒泡排序(Buble Sort)

思路：想象数组的 n 个元素为上下排列。第一遍，将第一个数组元素中的值与下面各个元素逐个比较，每次比较如果后者较小(较轻)就交换两者的值(轻者上浮，重者下沉)。一遍下来，最小(轻)元素已上浮到顶。第二遍，用同样方法将后面 $n-1$ 个元素中最小值换到第 2 个数组元素中。第三遍，将后面 $n-2$ 个元素中最小值换到第 3 个数组元素中。如此重复 $n-1$遍，就完成全部数据排序。程序代码如下：

```
Option Base 1                          '默认下界为 1
Dim a (50000)As Single                 '声明数组 a，下标从 1 到 50 000
Dim t As Single                        '用于交换的暂存变量
Dim i As Long,j As Long                '数组下标，循环计数器
Dim n As Long                          '数组元素个数
'对数组元素赋值：
```

```
Private Sub cmdPutValue_Click ()
  n=Ubound (a)
  For i=1 To n
    a (i)=Rnd * 10000
  Next i
End Sub
'冒泡排序
Private Sub cmdBubleSort_Click ()
  For i=1 To n-1
   For j=i+1 To n
     If a (j)< a (i)Then             '如果条件成立,交换两者的值
       t=a (i)                       '暂存
       a (i)=a (j)
       a (j)=t
     End If
   Next j
  Next i
  MsgBox "完成!",vbInformation,"冒泡排序"
End Sub
```

2. 算法 2——选择排序(Selection Sort)

思路:以上算法交换太频繁,效率不高。实际上,每遍扫描只要找出(选择)最小值所在元素,记住其下标,最后与最上面的元素进行一次交换即可。程序代码如下:

```
'选择排序
Private Sub cmdSelSort _Click ()
  Dim k As Long                      '用于保存正在找的最小值所在元素的下标
  For i=1 To n-1
    k=i
    For j=i+1 To n
      If a (j)< a (k)Then k=j        '记住较小元素的下标
    Next j
  '交换 a (i)与 a (k)的值
    t=a (i)                          '暂存
    a (i)=a (k)
    a (k)=t
  Next i
  MsgBox "排序完成!",vbExclamation,"选择排序"
End Sub
```

3. 算法 3——插入排序(Insertion Sort)

思路:以玩扑克牌为例。有的人喜欢抓完牌后再整理,也有的人喜欢每抓一张牌就插入

适当位置。插入算法的思路与后者相似。从数组第二个元素开始，与其上面元素自下而上进行比较，如果遇到比自己大的就交换，否则停止比较，因为再上面的元素肯定更小，取下一个元素继续同样处理。程序代码如下：

```
'插入排序
Private Sub cmdInsSort _Click ()
  For i=2 To n                          '抓牌
    For j=i To 1 Step-1                 '自下往上
      If a (j)< a (j-1)Then             '下面较小
      '交换 a (j)与 a (j-1)的值
        t=a (j)                         '暂存
        a (j)=a (j-1)
        a (j-1)=t
      Else
        Exit For                        '结束内层循环,因为无需继续比较
      End If
    Next j
  Next i
  MsgBox "排序完成!",vbExclamation,"插入排序"
End Sub
```

(二)数据查找

假定数组 *a* 中元素已经从小到大排过序。要从中找出某个数据，怎样找更快？

1. 算法 1——顺序查找

思路：从第一个元素开始找，与要找的数据进行比较，如果相同，找到，完成；如果太小，取下一个元素值继续与要找的数据进行比较；如果太大，不用继续，肯定找不到，因为后面的数据更大。如果所有元素都不够大，当然也找不到。程序代码如下：

```
Option Base 1                           '默认下界为 1
Private Sub cmdFind1_Click ()
  Dim x As Single,n As Long
  n=Ubound (a)
  x=InputBox ("请输入要找的数据")
  For i=1 To n
    If x=a (i)Then
      MsgBox "找到! 在数组 a 的第" & i & "个元素中!"
      Exit Sub                          '结束
    Elseif x < a (i)Then
      MsgBox "在数组 a 中找不到" & x
      Exit Sub                          '结束
    End If
  Next i
```

```
        MsgBox "在数组 a 中找不到" & x
    End Sub
```

2. 算法 2——折半查找

以上算法可行,但效率低下,每查找一个数据,平均要比较 $n/2$ 次,显然不实用。

折半查找算法的思路:就像查词典,要找一个单词,可以先翻到中间一页,如果没有,根据词序,可以确定要往前查还是往后查。如果往前,翻到前面一半的中间一页;如果往后,翻到后面一半的中间一页……直到找到或无页可翻(找不到)为止。程序代码如下:

```
    '折半查找。仍假定数组 a 中有 n 个元素,已经从小到大排过序
    Private Sub cmdFind2_Click ()
        Dim i As Long,j As Long             '数组下标,循环计数器
        Dim Lo As Long,Hi As Long           '查找范围,下标从 Lo 到 Hi
        Dim x As Single                     '要找的数据
        x=InputBox ("请输入要找的数据")
        Lo=1                                '初值为 1 和 n,即整个数组
        Hi=n
        Do
          i=(Hi+Lo)\ 2                      '取中间一个元素的下标,注意用整除(\)
          If x=a (i)Then                    '如果找到,显示数据所在元素下标,结束
            MsgBox "找到! 在数组 a 的第" & i & "个元素中!"
            Exit Sub                        '结束(完成)
          Else                              '否则还要判断往前还是往后
            If x < a (i)Then                '条件成立要往前,重置 Hi
              Hi=i-1
            Else                            '否则要往后,重置 Lo
              Lo=i+1
            End If
          End If
        Loop Until Hi < Lo                  '如果条件成立,无法继续,即找不到
        MsgBox "在数组 a 中找不到" & x
    End Sub
```

用折半查找算法,每查找一个数据,最多只要比较 $\mathrm{Log}_2 n$ 次。当 $n=50\ 000$ 时,$\mathrm{Log}_2 n \approx 15.6$,故最多只需比较 16 次。

第三节　动 态 数 组

在声明静态数组时,必须确定数组的维数和每一维下标的取值范围。下标的取值范围只能使用常量表达式,因而数组的元素个数也是确定而不能改变的,缺乏灵活性。在很多应用中,希望数组元素的个数,甚至维数都可以根据需要改变,例如可以用变量的值作为数组下标的上界等,这就需要使用动态数组。

使用动态数组的步骤：

(1)使用前也必须先声明。声明一个动态数组，只要给数组赋以一个空维数表，例如，声明一个 Integer 类型的动态数组，可用：

Dim | Private | Public | Static d ()As Integer

(2)用 ReDim 语句给数组指定维数和分配实际的元素个数，例如：

ReDim [Preserve] d (4 To 12)

其中，Preserve(保留)表示要保留数组内容，此时只能改变最后一维的上界。如果没有 Preserve，则维数和上下界都可以重新定义，但原数组内容丢失(数值型全为 0，字符型全为空串)。

(3)上下界都可以用带变量的整型表达式。例如：

ReDim d (x1 To x2，y)

注意

ReDim 语句与 Dim 语句不同，ReDim 语句是一个可执行语句，通过在应用程序中执行 ReDim 语句，给维数和元素个数待定的数组指定维数和元素个数。可以有多条 ReDim 语句，根据需要来改变数组的大小，甚至改变数组的维数；而用 Dim(或 Private|Public|Static)开始的声明语句是不可执行语句，只能用一次。

【实例 5－1】 输入一个班级某门课程的成绩，统计各等级人数与比例：A—优秀(>＝90)，B—良好(76～89)，C—及格(60～75)，或 D—不及格(<60)，并求平均分。

编程思路：输入大量数据时难免出错，为便于检查和改正输入错误，用文本框输入成绩，并用标签显示统计结果，如图 5－1 所示。输入的成绩，即文本框的 Text 属性是一个字符串，要把它转换成一个数值型数组，以便于统计。为此，首先要用 Split 函数把它转换成一个字符型数组，再通过类型转换函数赋值给一个数值型数组。由于数组的元素个数，即全班人数，只能根据输入多少个分数来定，所以必须使用动态数组。

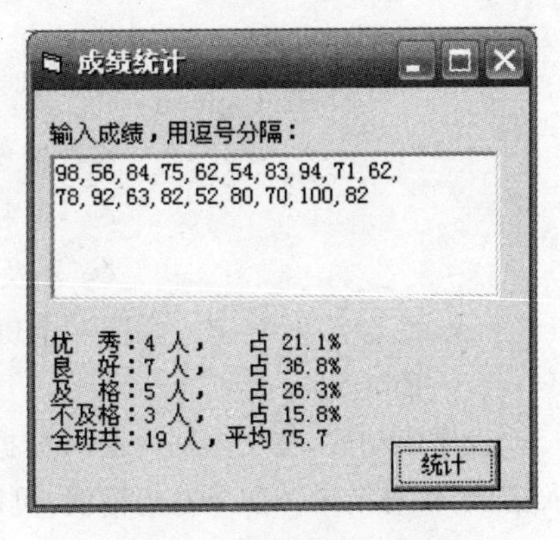

图 5－1 界面和运行情况

为了要在文本框中输入多行数据，要将其 MultiLine 属性设为 True。

程序代码如下：

```
    Dim cj ()As Integer                      '声明一个动态数组 cj
    Private Sub Command1_Click ()             '"统计"按钮
        Dim n As Integer                     '全班人数
        Dim x As Variant                     '变体型变量
        Dim a As Integer, b As Integer       '各等级人数
        Dim c As Integer, d As Integer
    ' 分解成绩，将 x 转换为字符型数组
        x=Split (Text1. Text, ",")           '将 x 转换为一个数组
```

```
    n=UBound (x)+1                        ' 计算人数,下标从 0 开始
    ReDim cj (n-1)                        ' 赋予动态数组下标范围
' 转换成数值,给 cj 数组赋值:
    For i=0 To n-1
      cj (i)=Val (x (i))
    Next i
' 统计
    For i=0 To n-1
        s=s+cj (i)                        '成绩累加,用于计算平均成绩
        Select Case cj (i)                '统计各等级人数
          Case Is < 60                    ' 不及格
            d=d+1
          Case Is < 75                    ' 及格
            c=c+1
          Case Is < 90                    ' 良好
            b=b+1
          Case Else                       ' 优秀
            a=a+1
        End Select
    Next i
' 显示结果
    Label2.Caption="优 秀:" & a & " 人,占 " & Format (a / n,"0.0%")& vbCrLf _
                & "良 好:" & b & " 人,占 " & Format (b / n,"0.0%")& vbCrLf _
                & "及 格:" & c & " 人,占 " & Format (c / n,"0.0%")& vbCrLf _
                & "不及格:" & d & " 人,占 " & Format (d / n,"0.0%")& vbCrLf _
                & "全班共:" & n & " 人,平均 " & Format (s / n,"0.0")
End Sub
```

程序启动后,在文本框内输入数据,单击“统计”按钮,在标签 Label2 中显示结果。检查输入错误,核对结果。如果发现错误,可以在文本框中改正,再单击“统计”按钮,操作比较方便。

第四节　控件数组

控件数组是一组控件,名字相同,类相同,用下标(索引—Index)来区分。例如:

Command1 (0),Command1 (1),…,Command1 (*n*)

一、控件数组的产生

控件数组不能用声明语句来产生。要产生一个控件数组,有下列两种方法:

方法 1　各种控件都有一个 Index(索引)属性,一般为空,如果在设计阶段赋予一个非负整数值,该控件就成为只有一个成员的控件数组的成员。

注意

Index 属性在程序运行时为只读，不能修改。

方法 2　如果企图复制窗体中一个没有索引的控件，系统会提示是否要创建一个控件数组，如图 5－2 所示。单击“是(Y)”按钮，则原控件的索引自动变为 0，新产生的控件与原控件同名，但索引为 1。由此产生一个控件数组。可以继续复制控件数组的成员，增加成员数量，系统不再提示，索引自动增 1。

图 5－2　复制控件时的提示

注意

只有同名同类的控件才能组成一个控件数组。在引用控件数组成员时，要在控件名后面加上圆括号和索引。

二、控件数组的使用

使用控件数组有很多优点。这是因为：

(1)成员共享同一个事件过程，可以简化编程。例如，假定

Cmd (0),Cmd (1),…,Cmd (9)

是由 10 个命令按钮组成的控件数组，则单击其中任何一个按钮，都将执行下面的 Click 事件过程：

```
Private Sub Cmd_Click (Index As Integer)
  ……
End Sub
```

注意

该过程有一个参数 Index，用于传递被单击按钮的下标。

(2)可以在程序运行过程中动态增减控件数组的成员，例如：

```
Load Cmd (10)                    '增加一个成员 Cmd (10)
Unload Cmd (5)                   '删除成员 Cmd (5)
```

注意

控件数组成员的下标不必连续，可以任意，只要不重复就行。

【实例 5-2】 设计一个计算器的界面,包含一个文本框、10 个数字按钮、1 个小数点按钮、6 个运算符按钮(+、—、×、÷、^、1/x)和一个等号按钮。如图 5-3 所示。

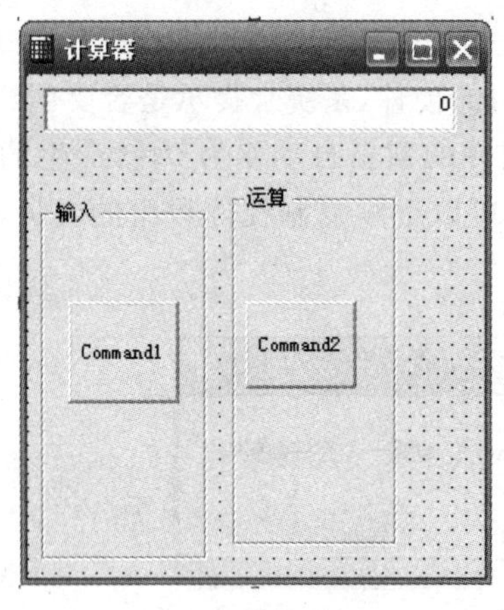

(a)运行前的界面

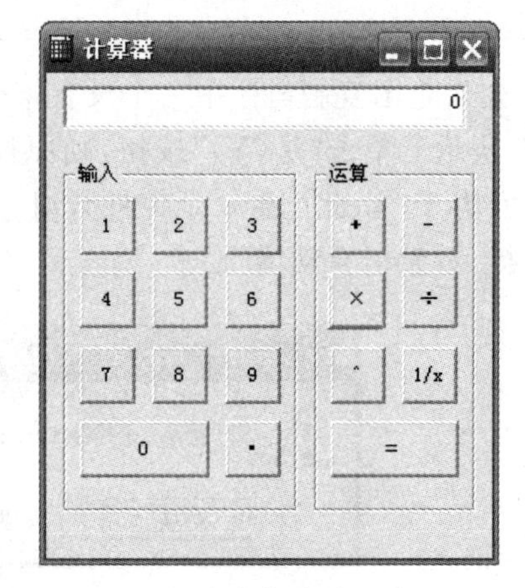

(b)程序启动后显示

图 5-3 计算器界面设计

思路:

(1)将所有按钮分为两组,一组用于输入,包括 10 个数字按钮和 1 个小数点按钮,放在一个框架内;另一组为运算按钮,包括 6 个运算符按钮和一个等号按钮,放在另一个框架内。

(2)为便于自动排列整齐,每组按钮都用控件数组。在设计阶段,一个框架中只需加入一个命令按钮,如图 5-3(a)所示,作为控件数组的第一个成员。为此,必须将其 Index 属性设为 0。其他按钮将在程序启动后自动生成,并排列整齐。"输入"框架 Frame1 中按钮更名为 CmdDight,"运算"框架 Frame2 中按钮更名为 CmdOp。

(3)窗体加载时会首先执行 Form_Load 事件过程,按钮数组其他成员的生成和排列可以在该事件过程中完成。

以下是程序代码,阅读时请仔细体会控件数组对编程带来的好处。

```
'定义常量:
    Const w0=500                          '按钮高和宽
    Const x0=150                          '按钮组左上角的 x 坐标,同时作
                                           为按钮横向和纵向间距
    Const y0=300                          '按钮组左上角的 y 坐标
    Private Sub Form_Load ()
    '改变按钮大小
      cmdDigit (0). Width=w0
      cmdDigit (0). Height=w0
    '产生其他 9 个数字按钮和 1 个小数点按钮
      For i=1 To 10
          Load cmdDigit (i)               '增加一个成员
          cmdDigit (i). Caption=i         '按钮表面文字
          cmdDigit (i). Visible=True      '新增加的成员原不可见,使可见
```

```
    Next i
'修改小数点按钮的 Caption 属性
    cmdDigit (10). Caption="·"
'排列数字按钮,注意表达式中求余(Mod)和整除(\)运算的应用。
For i=1 To 9
    cmdDigit (i). Left=x0+((i-1)Mod 3) * (w0+x0)
    cmdDigit (i). Top=y0+((i-1)\ 3) * (w0+x0)
Next i
'排列另外 2 个按钮
    cmdDigit (0). Move x0,y0+3 * (w0+x0),2 * w0+x0
                                        '按钮 0 的宽度比其他按钮大
    cmdDigit (10). Move x0+2 * (w0+x0),y0+3 * (w0+x0)
                                        '移动小数点按钮
'移动框架,同时改变大小,使正合适。TxtShow 为上部文本框
    Frame1. Move TxtShow. Left,TxtShow. Top+TxtShow. Height+y0,_
    3 * w0+4 * x0,4 * w0+3 * x0+2 * y0
'对第二组按钮采用同样算法,排成 2 列。首先改变按钮大小
    cmdOp (0). Width=w0
    cmdOp (0). Height=w0
'产生其他 6 个按钮
    For i=1 To 6
        Load cmdOp (i)
        cmdOp (i). Visible=True
    Next i
    '修改按钮的 Caption 属性
      cmdOp (0). Caption="+"
      cmdOp (1). Caption="-"
      cmdOp (2). Caption="×"
      cmdOp (3). Caption="÷"
      cmdOp (4). Caption="^"
      cmdOp (5). Caption="1/x"
      cmdOp (6). Caption="="
'排列按钮
For i=0 To 6
      cmdOp (i). Left=x0+(i Mod 2) * (w0+x0)
      cmdOp (i). Top=y0+(i \ 2) * (w0+x0)
Next i
      cmdOp (6). Width=2 * w0+x0
'移动框架,同时改变大小,使正合适
```

```
        Frame2.Move 2 * x0+Frame1.Width,Frame1.Top,2 * w0+3 * x0,
Frame1.Height
    End Sub
```

控件数组共享同一个事件过程可以使程序更简单直观。计算器的输入是个极好的例证。

【实例 5-3】 计算器的输入。单击数字键或小数点,通常只要在文本框字串后面加输入的数字或小数点,但有两种特殊情况应使输入无效:一是两次输入小数点,二是前导两个0。如果不用控件数组,就需要分别为 10 个按钮编写 10 个事件过程。用了数组按钮,就只要编写一个:

```
Dim dot As Boolean                                '标记文本框内是否有小数点,
                                                   初值自动取 False
Private Sub cmdDigit_Click (Index As Integer)      '注意参数 Index 取值 0~10,10
                                                   为小数点
  If Index=10 And dot Then                         '两次输入小数点不予理睬
      Exit Sub
  Else
      TxtShow.Text=TxtShow.Text & cmdDigit (Index).Caption
                                                   '加入输入按钮的表面文字
  End If
  If Left (TxtShow.Text,2)="00" Then               '前导两个零,去掉 1 个
      TxtShow.Text=Mid (TxtShow.Text,2)
  End If
  If Index=10 Then dot=True                        '置小数点标记
End Sub
```

第五节 列表框和组合框

列表框(ListBox)和组合框(ComboBox,又称下拉框)用于显示项目列表供用户选择。程序运行时,用户可以从列表框或组合框中的一系列选项中选择一个或多个选项,操作直观方便,所以在 Windows 程序中得到了广泛应用。列表框和组合框有很多共同的属性、事件和方法,学习时要注意对比。

图 5-4 中左边为列表框,右边为组合框。组合框可以看做一个文本框(上部)和一个列表框的组合,这也是"组合框"名称的由来。选择组合框的项目时,单击右边小箭头,拉下列表,再单击所选项目后列表自动缩回,上部只显示当前选中的项目,因此组合框又称为下拉框。由于组合框占用空间少,应用更广泛,经常出现在Windows应用程序的工具栏内。如字体下拉框、字号下拉框等。

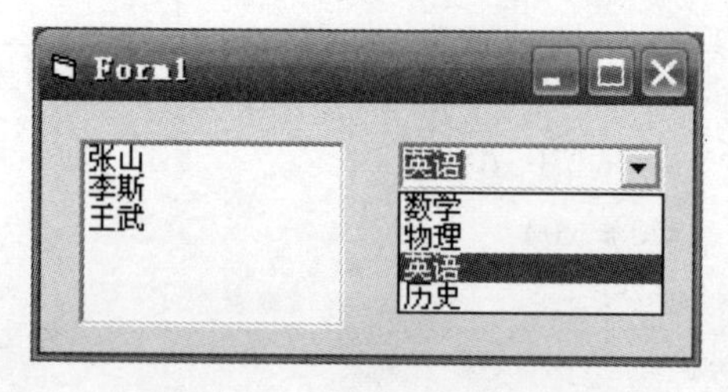

图 5-4 列表框和组合框

一、列表框(ListBox)

下列列表框的主要属性组合框也有：

● List (i)属性　这个属性是一个字符型数组，也就是列表框中包含的项。下标从 0 开始。每项都是一个字符型属性变量，如果要当做数值使用，就要进行类型转换。

● ListIndex 属性　当前所选列表项的下标，显然是一个动态属性，只能在程序中引用，在属性窗口中是没有的。

● ListCount 属性　列表项的总数，也是一个动态属性，只能在程序中引用，在属性窗口中找不到。

● Text 属性　当前项文本内容，也是一个动态属性。

● Sorted 属性　Boolean 型，为 True 时自动按字符顺序排列各项。

显然，List 属性是列表框和组合框的最主要属性。问题在于列表中的项是从何而来的呢？

在设计阶段，可以在属性窗口中给 List 属性添加项目。

操作步骤

①单击 List 属性右边小箭头，在显示的下拉框中输入，如图 5－5 所示。

②要想连续输入多项，每输入一项按住“Ctrl”键再按回车键即可。如果直接按回车键，下拉框就会缩回去，每次就只能输入一项。

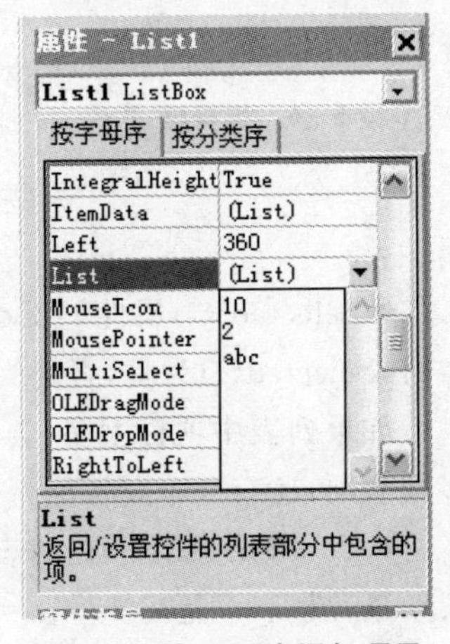

图 5－5　在 List 中添加项目

在很多应用中，列表中的内容都是在程序运行期间添加或更改的。所以，列表框和组合框都有以下方法：

● AddItem 方法　添加一项。格式：

＜对象名＞. AddItem ＜项目＞[,＜下标＞(位置)]

例如：

List1. AddItem "王平",0　　　'将"王平"插到最前面如果省略第二个参数，则加到最后面

● RemoveItem 方法　移除一项。格式：

＜对象名＞. RemoveItem ＜下标＞　　　'下标为删除项的下标

例如：List1. RemoveItem 0　　　'删除第一项

● Clear 方法　删除所有项目，无参数。

例如：List1. Clear　　　'清空 List1 的列表，项目数变为 0

关于列表框的另一个重要问题是，当程序运行时，用户怎样选择列表中的项呢？展开来说，包括：

(1)能够选择多项，还是只能选择一项呢？

(2)如果可以选择多项，怎样操作？

(3)如果选了多项，哪一项是当前项？即 ListIndex 属性和 Text 属性是指哪一项的下标和内容？

列表框的 MultiSelect 属性和 Style 属性可用来解决前两个问题。

- MultiSelect(多选)属性　可取值：

➤ 0—None 表示不能多选，只能选一项，即鼠标单击到的那一项。

➤ 1—Simple 简单多选。单击一项选一项，已选的再单击又变为不选。

➤ 2—Extended 扩展多选。类似在 Windows 的资源管理器中选择多个文件，需要用“Ctrl”键和“Shift”键配合。选择连续多项时，先单击第一项，再按住“Shift”键单击最后一项；要改变某一项的选择状态，只需按住“Ctrl”键单击这一项；要选择第二批连续多项时，先按住“Ctrl”键单击第一项，再按住“Ctrl”键和“Shift”键单击最后一项；不按住“Ctrl”键或“Shift”键单击某一项，则仅选择这一项。

图 5-6　选择框

- Style(样式)属性　默认为 0 - Standard (标准)，如果取 1 - CheckBox，则每个列表项前面会出现一个小方框作为选择框。选中时框内显示“√”号，如图 5-6 所示。当 Style=1 时，MultiSelect 属性自动变为 0，不能再取 1 或 2。不过，这也是多选方式之一。

对第(3)个问题，答案很简单：最后单击的项目就是当前项，不管该项是否被选中。

还有一个问题：选择多项以后，在程序的后续处理中怎样判别哪些项已选中，哪些没有选中呢？这就要用到列表框的另一个数组属性：

- Selected (i)属性　Boolean 型数组，与 List 属性数组各项一一对应。当 List (i)被选中时，Selected(i)为真，否则为假。该属性当然也是一个动态属性，只能在程序代码中使用。

如果列表中项目太多，会自动显示一个垂直滚动条；如果希望在有限空间中同时显示更多列表项，还有一个属性能帮忙：

- Columns 属性　在列表框中同时显示的列数。如果项目太多，将自动显示一个水平滚动条，图 5-7 是 Columns=3 时的情形。

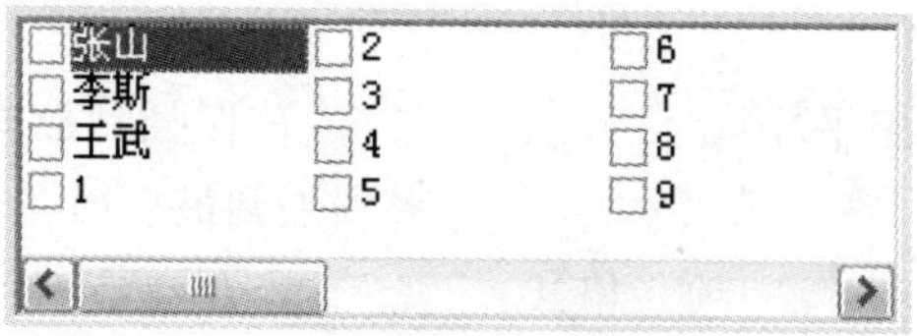

图 5-7　Columns 属性的作用

【实例 5-4】　设计一个程序，用于演示列表框的主要属性和方法。

思路：在窗体中添加下列控件：一个列表框 List1，可以预先加入若干项；一个文本框 Text1，用于输入对列表框添加的项目内容；4 个命令按钮，分别用于添加、删除一项以及删除多项和清除所有项。如图 5-8 所示。其中列表框的 Multiselect 属性设为 1 或 2，即允许多选。图中已选择两项。

程序代码如下：

```
'<添加>按钮
Private Sub Command1_Click ()
```

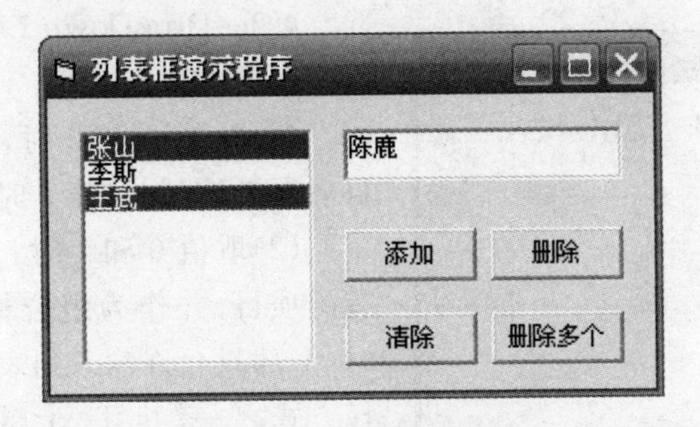

图 5-8　列表框演示程序

```
'文本框中有内容才添加
  If Text1. Text<>"" Then List1. AddItem Text1. Text
End Sub
'<删除>按钮,删除当前项
Private Sub Command2_Click ()
'列表框中未选时 ListIndex=-1
  If List1. ListIndex <>-1 Then List1. RemoveItem List1. ListIndex
End Sub
'<清除>按钮
Private Sub Command3_Click ()
  List1. Clear
End Sub
'<删除多个>按钮,从下往上检查,删除选中项
Private Sub Command4_Click ()
  For i=List1. ListCount-1 To 0 Step -1                  '从下往上
    If List1. Selected (i)Then List1. RemoveItem i
  Next i
End Sub
```

注意

删除多项时要从下往上,否则因项目总数(ListCount)变化会出错。

二、组合框

组合框是文本框与列表框的组合,其主要属性和方法与列表框相同,如上述。组合框没有 MultiSelect(多选)属性,所以只能单选。但组合框有一个 Style 属性,决定其显示方式和功能。

Style(样式)属性可取值(参见图 5-9)为:

- 0—DropDown Combo　下拉组合框(默认)。
- 1—Simple Combo　简单组合框。

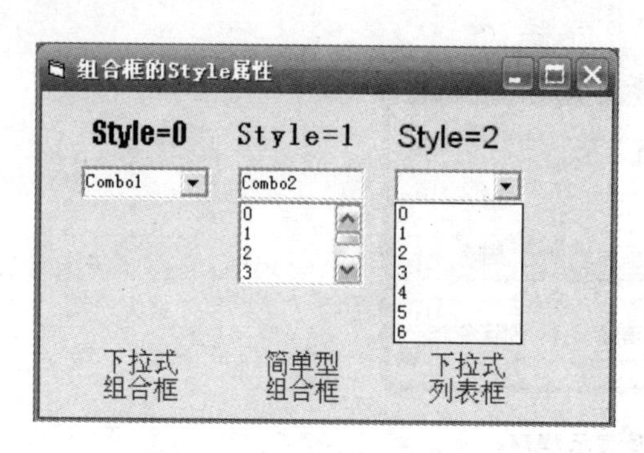

图 5-9　组合框的 3 种样式

● 2—DropDown List　下拉列表框。

其中的区别在于：

(1)取值 0 和 2 时，列表均可下拉，选择项目后自动缩回；取值 1 时，列表不缩回。

(2)取值 0 和 1 时，上部允许输入列表内没有的项目，并作为组合框的 Text 属性；取值 2 时，上部只允许输入列表内已有的项目，作为选择方式之一，其 Text 属性只能取被选中的项目，因此可以看做是一个下拉式的列表框，不过还是不能多选。

三、组合框和列表框的应用

组合框和列表框常用于保存一个数组。通常在窗体加载时用循环语句将各项存入列表内，供用户选择。如果需要多选，就需要采用列表框；如果只能单选，往往采用组合框。

先举一个模拟摇奖机的例子。

【实例 5-5】 摇奖机。电视台要创收，让观众打入电话，主持人喊“开始”，屏幕上出现不断变化的电话号码，主持人喊“停止”，变化立即停止，显示中奖号码。

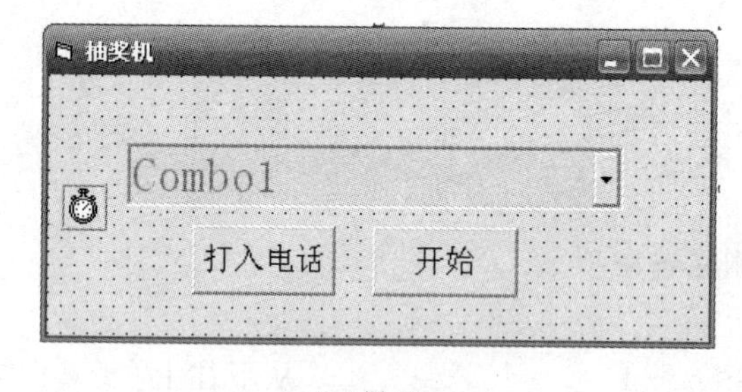

(a)界面

(b)运行时

图 5-10　摇奖机

思路：程序界面如图 5-10 所示。用一个组合框保存电话号码，两个命令按钮，一个模拟“打入电话”、一个用于“开始”和“停止”。为简单起见，电话号码用随机函数产生。要一次产生很多(例如 1 000 个)电话号码，可以用循环语句来实现。单击“开始”按钮时，组合框中的电话号码不断变化。为此，需要加入一个定时器。如果希望每隔百分之一秒变化一次，只需将定时器的 Interval 属性设为 10(毫秒)。开始后按钮变为“停止”。再单击这个按钮时，组合框内显示中奖号码，按钮又变为“开始”，等待下次摇奖。

程序代码如下：

```
' 窗体加载时保证每次启动产生不同的随机序列
  Private Sub Form_Load ()
    Randomize                         '保证每次启动程序时产生不同的随机序列
  End Sub
' 随机改变组合框的选中项，达到号码不断变化的效果
  Private Sub Timer1_Timer ()
```

```
    Combo1.ListIndex=Int (Rnd * 1001)
  End Sub
'<打入电话>按钮
  Private Sub Command1_Click ()
    Dim num As String                                '电话号码
    Combo1.Clear                                     '清空组合框列表
    For i=0 To 1000                                  '随机产生 1001 个手机号
      num="13" & Format (Int (Rnd * 1000000000),"000000000")
      Combo1.AddItem num                             '加入到组合框列表内
    Next i
    Combo1.ListIndex=0                               '显示第一个号码
  End Sub
'<开始><停止>按钮,改变定时器的 Enabled 属性和按钮的 Caption 属性
  Private Sub Command2_Click ()
    Timer1.Enabled=Not Timer1.Enabled                '真变假,假变真
    Command2.Caption=Iif (Timer1.Enabled,"停止","开始")
                                          '真时显示"停止",假时显示"开始"
  End Sub
```

这个例子看似复杂,实际编码只有 11 行! 关键在于表达式和函数的运用,请大家体会其中奥妙。

Windows 本身有一些数组可以加以利用。例如所有的屏幕字体组成一个数组,名字为 Screen.Fonts,下面就是一个简单的例子。

【实例 5-6】 用字体下拉框和字号下拉框设置文本框的字体和字号。

界面设计如图 5-11 所示,上部文本框用于显示选择的字体和字号;下面两个组合框用于选择字体和字号;另有 4 个标签,其中字体组合框右边的标签先显示项目总数,以后显示字体项目下标;字号组合框右边的标签显示字号项目序号。

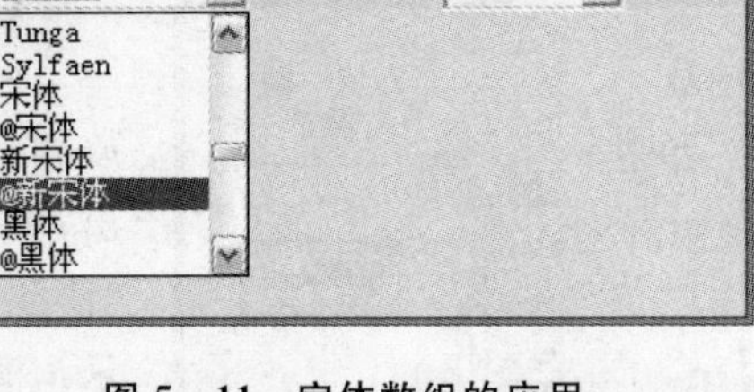

图 5-11 字体数组的应用

程序代码已加注释,请仔细体会:

```
' 窗体加载时
Private Sub Form_Load ()
  Dim i As Integer
 '在 Combo1 中加入字体数组 Screen.Fonts
  For i=0 To Screen.FontCount-1
    Combo1.AddItem Screen.Fonts (i)
  Next i
  Combo1.ListIndex=0                     '选择第 1 项。在程序中选择项,只需对
```

```
                                                ListIndex 属性赋值
'用标签显示项目总数
   Label3.Caption="共" & Combo1.ListCount & "项"
'在 Combo2 中加入字号数组
   For i=6 To 60 Step 2
      Combo2.AddItem i
   Next i
   Combo2.ListIndex=6 '选择第 7 项
  End Sub
'选择字体,同时显示项目为第几项
  Private Sub Combo1_Click ()
    Text1.FontName=Combo1.Text
    Label3.Caption="第" & Combo1.ListIndex+1 & "项" '用标签显示项目序号
  End Sub
'选择字号,同时显示项目为第几项
  Private Sub Combo2_Click ()
    Text1.FontSize=Combo2.Text
    Label4.Caption="第" & Combo2.ListIndex+1 & "项"
  End Sub
```

上机实训 5

【上机目的】

(1)继续学习循环结构程序设计。

(2)继续学习 Print 方法,输出要整齐美观。

(3)学习数组及其应用。

(4)学习组合框与列表框的应用。

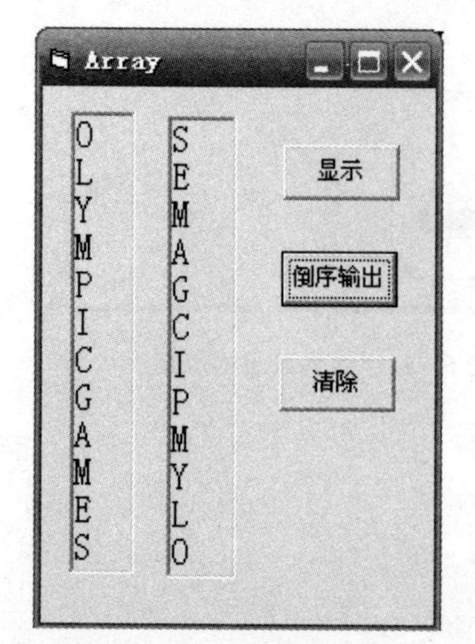

图 5-12 题(1)图

【上机题】

(1)用 Split 函数将"O L Y P I C G A M E S"各字符存放到一个数组中,单击"显示"按钮时在左边图片框打印输出;单击"倒序输出"按钮时在右边图片框打印输出;单击"清除"按钮时清除两个图片框。程序界面如图 5-12 所示。源程序保存到 T1 文件夹。

(2)单击"输入"按钮时随机产生 20 个数(1 000 以内),保存在一个数组内,并添加到左边的列表框中;单击"排序"按钮时,对数组元素进行排序,排序后输出到右边的列表框中。程序界面如图 5-13 所示。源程序保存到 T2 文件夹。

(3)编写程序,使程序运行界面如图 5-14 所示:"生成"时随机产生 25 个小于 100 的整数,保存到一个二维数组中，并打印输出到上面的图片框中，要排列整齐。“计算”时求出：

①对角线上的元素之和。

②对角线上的元素之积。

③方阵中的最大的元素。

打印输出到下面的图片框中。

源程序保存到T3文件夹。

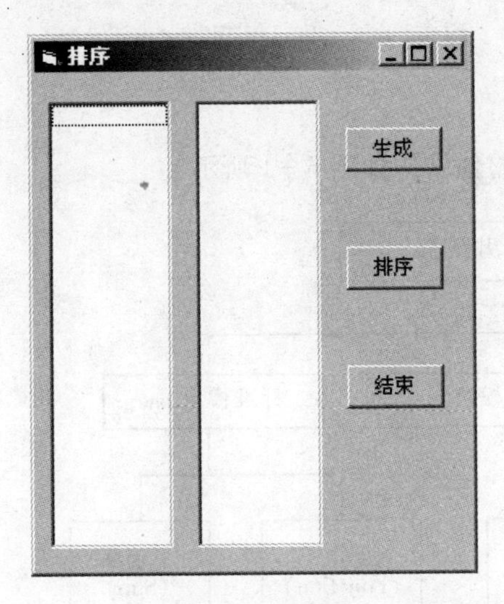

图5-13 题(2)图

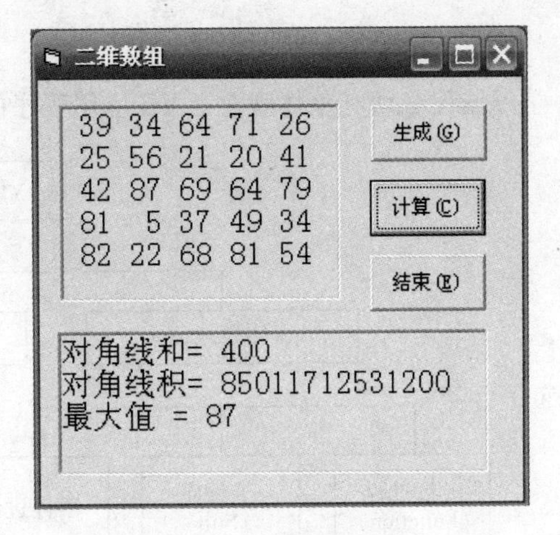

图5-14 题(3)图

提示

(1)两条对角线交点的元素不能重复计算。

(2)下对角线上元素下标满足条件 i=j。

(3)上对角线元素下标满足条件 i+j=4。

(4)用二重循环对每个元素进行测试，满足上述两个条件之一就在对角线上。

(5)要排列整齐可以使用Format函数，格式字符串为“@@@”。

第六章　过程—子程序和函数

学习编程必须有整体观念。VB 应用程序的整体结构如图 6 - 1 所示。

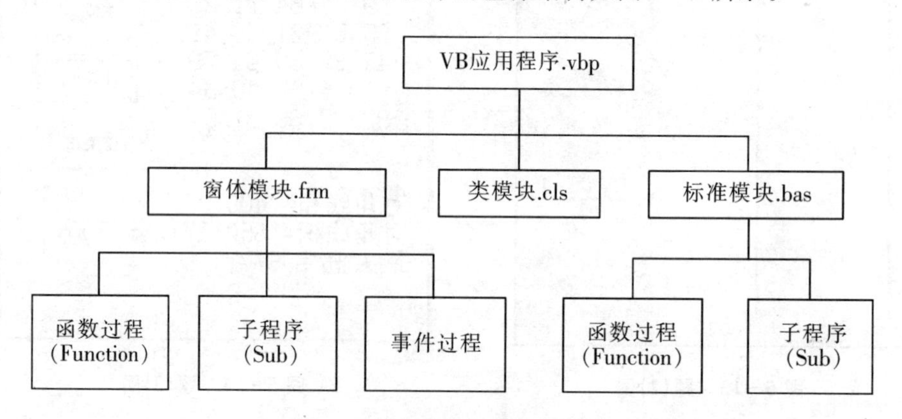

图 6 - 1　应用程序的整体结构

一个工程由一个或若干个模块组成。有 3 种模块:窗体模块、标准模块和类模块。类模块用于自定义类,本书未涉及。每个模块又包含多个过程。用得最多的是窗体模块。每个窗体实际上又包含界面和代码两部分,过程显然包含在代码部分。标准模块中只有声明部分和通用过程,没有窗体,自然也没有事件过程。VB 按模块保存源程序,每个模块一个文件。窗体模块的文件扩展名为“. frm”(意为 form 文件),标准模块的文件扩展名为“. bas”(意为 basic 文件),类模块的文件扩展名为“. cls”(意为 class 文件),最后将工程整体结构的有关数据保存在一个工程文件中,扩展名为“. vbp”(意为 vb project 文件)。这些文件虽然都是纯文本文件,可以用 Windows 的“笔记本”程序打开,但千万别去修改其中哪怕一个字符,除非你已经是一个非常熟悉其结构的专业人员,而且出于特殊的需要。

通用过程又分为子程序和函数。子程序和函数都是为实现特定的程序功能而设计的,能够被程序的其他部分反复调用。函数与子程序的区别在于函数必须有返回值,而子程序没有。因此,函数可以直接在表达式中使用。而且,一般说来,函数也有数据类型,即函数返回值的数据类型。大家对 VB 的事件过程和内部函数已相当熟悉,现在要讲的是通用过程,也就是自定义的子程序和自定义的函数。

主要问题:怎样创建(定义)过程?怎样使用(调用)过程?重点和难点在于:当自定义的子程序和函数包含参数时,怎样定义参数?怎样使用参数?特别是怎样理解和正确区分参数的传递方式(有传值和传址之分)。

第一节　子程序和函数的定义

定义子程序的语句格式为：

[Public|Private] Sub ＜子程序名＞([ByVal|ByRef] ＜形式参数名＞[As ＜类型＞][,…])

＜程序代码＞

End Sub

举一个简单的例子，交换两个变量内容的公用子程序可以在标准模块中定义为：

```
Sub Swap (x,y)
    Dim t                   '交换时需要的第三个变量，暂存第一个变量内容
    t=x : x=y : y=t         '交换变量 x 和变量 y 的内容
End Sub
```

这个子程序的名称为 Swap(意为交换)，有两个形式参数 x 和 y。未定义参数类型，默认为变体型(Variant 类型)，未指明关键字 Public 或 Private，默认为 Public，即可以在程序的所有模块内使用(被调用)。如果要限制子程序只能在其所在模块内使用，前面就要加Private。

形式参数的类型也可以使用类型后缀(%、!、& 等)来表示。形式参数前面加“ByVal”(意为 By Value)表示按值传递，简称“传值”；前面加“ByRef”(意为 By Reference)表示按地址传递，简称“传址”。ByRef 可以省略(如上例)，即默认为 ByRef。传值和传址的区别，下面还要细说。

定义函数的语句格式为：

[Public|Private|Static] Function ＜函数名＞([参数及其类型列表])[As ＜类型＞]

＜程序代码＞(内含：＜函数名＞=＜返回值表达式＞)

End Function

例如，用函数求直角三角形的斜边：

```
Public Function Hyp (x!,y!)As Single
    Hyp=Sqr (x^2+y^2)
End Function
```

注意

函数与子程序的区别：

(1)函数必须有返回值，子程序没有。

(2)如果不指明函数的类型(即其返回值的类型)，则其类型是变体型(Variant 型)。

(3)函数可以用在表达式中，子程序不能。

(4)如果不需要其返回值，则函数可以当做子程序调用。

第二节　子程序和函数的调用

定义子程序和函数是为了在程序其他部分使用。**调用子程序的语句格式为：**

Call <子程序名>(<实在参数列表>)

或者,省去关键字 Call,但要同时省去子程序后面的圆括号:

<子程序名><实在参数列表>

例如,下列语句交换变量 a 与 b 的值:

```
Swap a,b
```

自定义函数和 VB 内部函数一样,可以将函数放在表达式中使用。例如:

```
c=Hyp (3,4)
```

则斜边长 $c=5$。

第三节　参数的传递方式

首先要记住:在通用过程的定义部分,圆括号内的参数称为形式参数,简称"形参";而在调用语句中传递给子程序或函数的参数称为实在参数,简称"实参"。形参只是一个形式,在定义时并不需要为它分配内存,只当过程被调用时才为它分配内存。实参必须是实际存在的,可以是一个变量,也可以是常量,还可以是一个复杂的表达式,只要在引用时有一个实实在在的值即可。当然,有的时候也会有限制,例如在调用 Swap 过程时,实参必须是变量,否则没有意义。

了解"调用"的过程对理解参数的传递方式十分重要。参数的传递方式分为"传值"和"传址"。顾名思义,传值是将实参的值传递给形参,作为形参的值;传址是将实参的地址传递给形参,作为形参的地址。仍然用 Swap 子程序为例。当程序执行到调用语句

```
Swap a,b '交换变量 a 和 b 的内容
```

时,将转到子程序的定义部分:

```
Sub Swap (x,y)
    Dim t
    t=x : x=y : y=x
End Sub
```

执行步骤:

(1)因为默认的传递方式为"传址",所以将实参 a 和 b 的变量地址传递给子程序的形参 x 和 y,即将实参变量 a 的地址作为形参 x 的地址,实参变量 b 的地址作为形参 y 的地址。前面说过,形参本来不占用内存,只当子程序被调用时才为它分配内存。现在好了,x 和 a 有相同的内存地址,y 和 b 有相同的内存地址。这意味着给形参 x 分配的内存竟然就是实参变量 a 所占用的内存,而给形参 y 分配的内存就是实参变量 b 所占用的内存!

(2)进入子程序的内部执行。将 x 与 y 的内容交换。由于 x 和 a、y 和 b 共享同一个"盒子"(内存单元),所以这等于交换了实参 a 和 b 的内容,达到了预期的目的。

(3)子程序执行完毕,完成调用过程,回到"主"程序,即调用语句的下一条语句,继续运行。

现在假定改写 Swap 子程序,采用传值方式,即定义:

```
Sub Swap (ByVal x,ByVal y)
    Dim t
    t=x : x=y : y=x
```

```
End Sub
```

结果会怎样呢？执行同样的调用语句，调用步骤中第一步变为“传值”：

(1)所谓“传值”，就是将实参 a 和 b 的值传递给子程序的形参 x 和 y。形参本来不占用内存，只当子程序被调用时才为它分配内存。在传值的情况下，系统要为形参 x 和 y 专门分配内存，以便接收实参传来的值。与传址不同，给形参 x 和 y 分配的内存与实参 a 和 b 所占用的内存无关，而且当子程序执行完毕时，系统将立即收回分配给形参的内存。

(2)进入子程序的内部执行。将 x 与 y 的内容交换。由于 x 和 a、y 和 b 并不共享同一个“盒子”(内存单元)，所以实参 a 和 b 的内容没有变化，没有达到预期目的！

(3)子程序执行完毕，a 和 b 的内容没有交换，继续执行调用语句的下一条语句。

综上所述，在子程序或函数的调用过程中，实参内容传递给相应的形参可以有两种方式：传址和传值。

- 传址 (ByRef)：将实参地址作为形参地址。
- 传值 (ByVal)：将实参的值传给形参，作为形参的值。

传值和传址的区别：

- 传址时，形参与对应实参是同一个内存区域，因而实参随形参的改变而改变。
- 传值时，形参被单独分配内存并获得实参的值，因而形参的改变并不改变实参的值。

传址的同时也传值，因为形参和实参用的是同一个盒子。如果子程序只用到形参的值，又不会改变形参的内容，传值和传址有同样效果，可以不必讲究；如果要保证实参的内容不会被改变，就要用传值方式；反过来，如果希望改变实参的值，就必须采用传址方式。

子程序或函数的形参可以有多个，要根据需要确定各个参数的传递方式。

【实例 6-1】 用子程序求直角三角形的斜边。用 3 个形参：直角边 a、b 和斜边 c(变量)。要求子程序根据前两个参数的值计算斜边的值，存入第三个参数中。子程序定义如下：

```
Sub GetHyp (ByVal a#,ByVal b#,c#)
    c=Sqr (a^2+b^2)
End Sub
```

在这个例子中，前两个参数用传值较好，第三个参数则必须采用传址方式，否则无法传回计算结果。为了保证计算精度，3 个参数都用了 Double 类型后缀“#”。

调用这个子程序时第三个实参应该用一个 Double 型变量，例如：

```
GetHyp 3,4,z#
Print z                  '打印结果 5
```

函数的返回值只有一个，但如果在其参数中增加传址方式的参数，同样可以产生附加的结果。例如，如果希望求直角三角形斜边长的 Hyp 函数除了将斜边长作为返回值以外，还能够在某个指定变量中存入三角形的面积。没有问题，只要在函数定义中增加一个传址的形式参数。

【实例 6-2】 修改 Hyp 函数，使其返回直角三角形的斜边长，并计算三角形的面积。

函数代码如下：

```
Public Function Hyp (ByVal x#,ByVal y#,z#)As Double
    z=x*y/2
    Hyp=Sqr (x^2+y^2)
```

```
    End Function
```

调用这个函数：

```
    c=Hyp (3,4,s#)
    Print "斜边长为";c;",面积为";s              '输出结果:斜边长为5,面积为6
```

第四节 标 准 模 块

在VB的IDE窗口中，单击“工程”→“添加模块”菜单项，如图6-2所示，可以在工程中加入标准模块。标准模块中除了可以声明常量、变量，包含通用过程以外，还可以包含一个名为Main的特殊过程（主程序）。特殊在哪里？特殊在整个应用程序，如果需要的话，可以从这里启动。

工程(P) 格式(O) 调试(D) 运行(R)
添加窗体(F)
添加 MDI 窗体(I)
添加模块(M)
添加类模块(C)
添加用户控件(U)
添加属性页(P)
添加用户文档(D)
添加 WebClass
添加 Data Report
添加 DHTML Page
添加 Data Environment
更多 ActiveX 设计器(G)...
添加文件(A)... Ctrl+D
移除 Module1(R)
引用(N)...
部件(O)... Ctrl+T
工程1 属性(E)...

图6-2 “工程”菜单

一般情况下，程序启动时，先打开最早创建的窗体。假定没有修改过窗体名称，则这个窗体就是Form1。如果希望从Main过程或后来创建的窗体启动，可以选择“工程”→“工程属性”菜单（见图6-2最下面一项），打开“工程属性”对话框，参见图1-21。这个对话框有4个选项卡。在“通用”选项卡的“启动对象”下拉框中选择Sub Main或后来创建的窗体，就能指定程序从何处启动。

【实例6-3】 设计图6-3所示多功能计算器中的单位换算功能。

思路：

每种单位（重量、长度、面积等）换算都需要一张换算表。保存表格的最好地方是数组。数组内的数据必须在程序启动时形成。因此，自然想到在Main过程中形成换算表，并从Main启动。

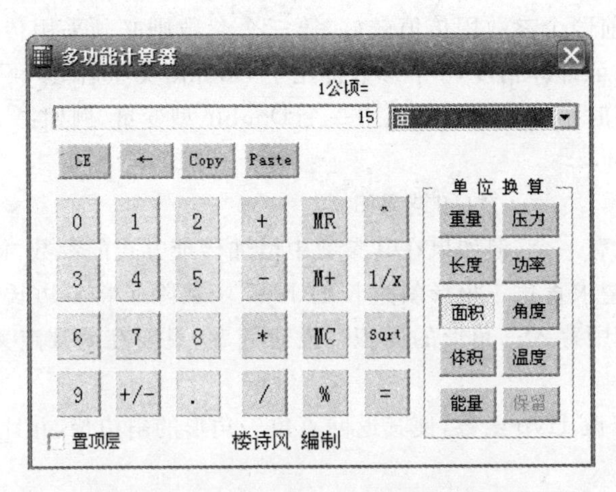

图6-3 带有单位换算的多功能计算器

怎样形成这些数组？这里很有技巧。如果先定义很多静态数组，再对数组中的每个成员逐个赋值,不仅非常繁琐,也看不清其中的关系,很容易出错,更难维护。我们自然想到在数组一章中学过的 Array 函数。这个函数产生的数组要赋值给一个 Variant 型变量。赋值后,Variant 型变量就变成一个已赋值的数组。计算器中有 9 类单位,每类单位需要两个数组,一组保存单位名称(如重量单位有千克、吨、克、毫克、磅、盎司、斤、两等),一组保存换算比例(如 1#,1000#,0.001,0.000001,0.45359,0.02835,0.5,0.05),换算比例(以下称为系数)以第一项为基准。例如:1 吨=1000 千克,因此第二项系数为 1000#(其中#为 Double 类型后缀,以提高计算精度),1 两=0.05 千克,所以最后一项系数为 0.05。至于任意两项之间的换算也不难,换算比例为两个相应系数之比。例如:

1 两=0.05/1000 吨

9 类单位需要 18 个数组,每个数组需要一个 Variant 型变量,所以要定义两个 Variant 型数组:

```
Public Unit (9),Coef (9)
```

每个数组 10 个元素(一个保留,用于新的类别),然后用 Array 函数对每个数组元素赋值,形成 18 个数组。由于每个数组原来都是一个 Variant 型元素,所以数组名都带下标。标准模块的代码如下:

```
Option Explicit
' 声明两个 Variant 型数组
Public Unit (9),Coef (9)
' 给数组赋值:Unit ()—单位名称
'Coef ()—转换系数
Sub Main ()
    '0—重量
    Unit (0)=Array ("千克","吨","克","毫克","磅","盎司","斤","两")
    Coef (0)=Array (1#,1000#,0.001,0.000001,0.45359,0.02835,0.5,0.05)
    '1—长度
    Unit (1)=Array ("米","千米","分米","厘米","毫米","英里","码","英尺",_
    "英寸","磅 (point)","丈","尺","寸","海里")
    Coef (1)=Array (1#,1000#,0.1,0.01,0.001,1609.353,0.9144,_
    0.30483,0.0254,0.0254 / 72,10# / 3,1# / 3,1# / 30,1852)
    '其他类型省略,详见第十二章"多功能计算器"一节
    '显示窗体
    Form1.Show
End Sub
```

整个程序界面与代码设计详见第十二章的实例"多功能计算器"。

第五节 程序调试和出错处理

程序要能够在实际中应用,就必须反复进行调试。调试(Debug)原意为排除隐患,又称排错。调试的目的在于排除错误,实现预期的功能。调试是软件开发的一个必不可少的重

要阶段。VB 为程序调试提供了很多可视化的、使用方便的功能和手段。

程序发生错误有几种不同情况：

(1)**语法错误。**语法错误包括关键字拼写错误、语句结构错误(例如 If 语句漏写 Then、End If,For 语句漏写 Next)等。在设计阶段的代码输入过程中 VB 就会自动检查语法错误，在 IDE 窗口中试运行时，也会检查语句结构，找出错误，并指出错误性质和位置。因此，这类错误比较容易改正。

(2)**运行错误。**在程序运行阶段出现异常，如遇到被 0 除，数组下标越界，计算结果溢出，类型错误又不能自动转换，文件打不开，变量没有定义，等等。一般会显示出错信息，错误号等，程序非正常结束。这种错误也比较容易发现和改正。

(3)**逻辑错误。**语法没有错误，运行也正常，但得不到正确结果，实现不了预期功能。原因不明，可能是算法不正确，也可能只是代码输入时的一点小错误。这种错误比较难发现，是程序调试的重点。

(4)**操作错误或输入错误。**例如初学者乱按键盘，乱点鼠标，该输入日期的地方输入了姓名，等等。这种错误无法预料，能引发程序非正常终止，甚至导致系统崩溃。不怕用户乱点乱按乱输入，也不怕环境变化(如硬件环境不同等)，是对软件可靠性的一种要求，称为软件的健壮性(Robust)。为防止这类错误的发生，要在程序中加入各种检验手段。例如，对用户输入数据的有效性进行检验，对可能发生的各种操作错误和意外情况进行处理等。VB 提供的错误陷阱功能，可用于克服这类错误。

一、程序调试

调试程序往往是在 IDE 窗口中通过试运行程序来发现和改正错误。调试程序的最好办法是监控程序的执行过程。如图 6-4 所示，调试的主要手段有：

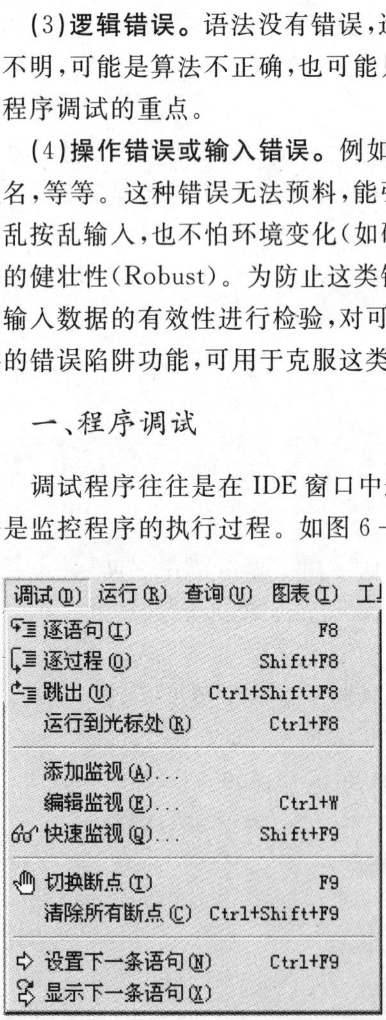

图 6-4 “调试”菜单

(1)**设置断点(Breakpoint)。**在可疑点或监视点设置断点或插入 Stop 语句，让程序运行到断点时暂停执行(称为“中断”)，保存现场，以便检查预期的中间结果是否正确。

(2)**提供监视手段。**包括本地窗口、监视窗口、立即窗口等，便于显示中断时有关变量、表达式的值和对象的状态。

(3)**提供程序跟踪手段。**例如逐语句执行，逐过程执行，跳出过程等。

设置断点只需在代码窗口的左边灰色部分单击；按“F9”键或单击“切换断点”按钮( )也可设置断点。断点必须设置在可执行语句的前面。断点以深红色椭圆形显示，如图 6-5 所示。可以同时设置多个断点。要去除断点，只要再次单击断点处即可。程序执行到断点处中断时，会在椭圆形上显示一个黄色箭头，如图 6-5 所示。这时，断点所在的语句尚未执行。

程序中断时，将保存“现场”。所谓现场是指所有有效变量(包括对象属性)的值和对象状态等。可以用多种方法观察中断现场。图 6-6 显示的调试工具栏中含下列中断时使用的窗口图标。

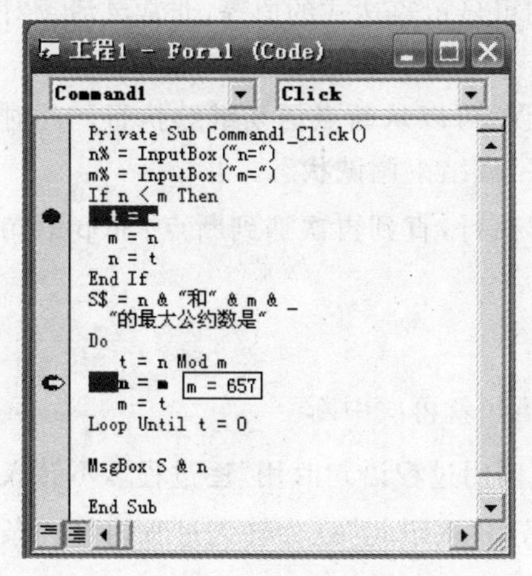

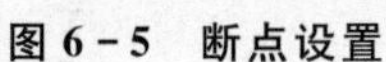

图 6-5 断点设置

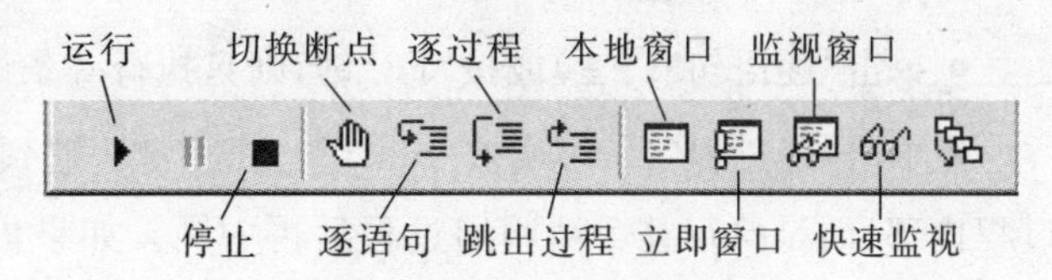

图 6-6 “调试”工具栏

● 本地窗口 显示中断时当前过程内部各变量的值，如图 6-7 所示。

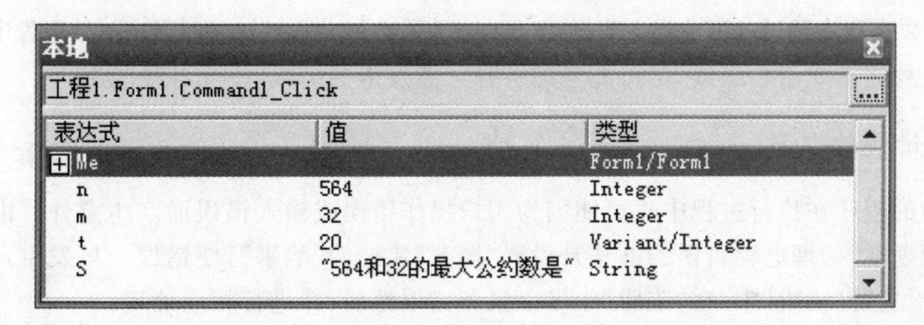

图 6-7 本地窗口

● 监视窗口 显示希望监视的变量或表达式的值和类型。在监视窗口中右击，弹出的快捷菜单中有“添加监视”、“编辑监视”、“删除监视”等命令，如图 6-8 所示。将光标移至语句中变量、对象或属性的名称上，然后单击“快速监视”，能很快将它添加到监视窗口中去。

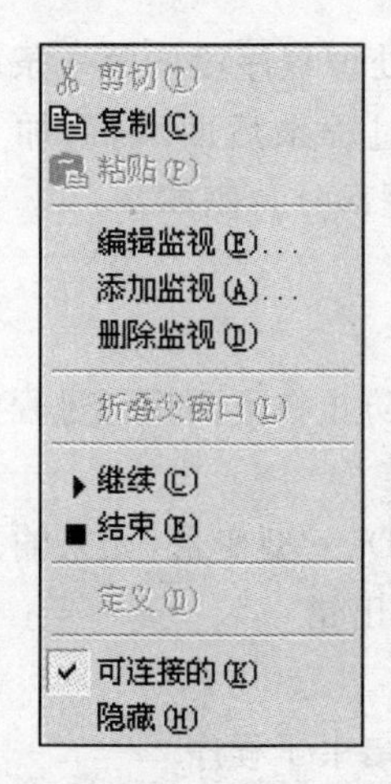

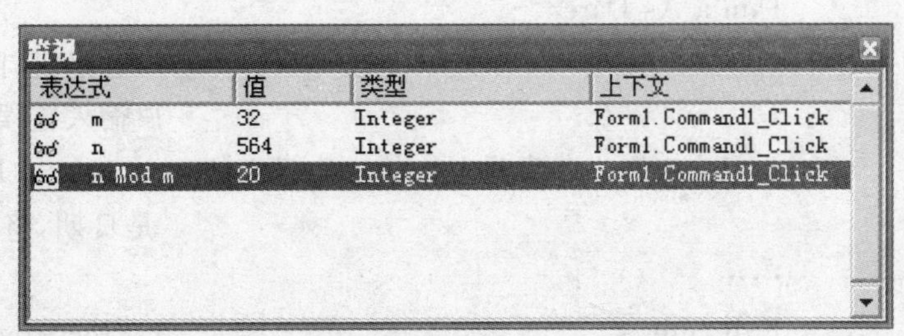

图 6-8 快捷菜单及其监视窗口

● 立即窗口　这个大家已很熟悉。在立即窗口中可以输入可执行语句，回车时将立即执行；用赋值语句可改变变量的属性和值；用 Print 语句可显示表达式的值等，非常灵活。对程序调试非常有用。

程序中断后，检查了“现场”情况，发现或修改了错误，可以从断点语句继续执行。此时有几种选择（参见图 6－6）；或继续以各种方式跟踪程序，或结束调试状态。

● 单击“运行”（▶继续），程序从断点语句开始继续执行，直到再次遇到断点、Stop 语句或程序结束。

● 单击“结束”（■），退出调试状态，程序结束运行。

● 单击“逐语句”（ ）或按“F8”键，则只执行一条语句就再次中断。

● 单击“逐过程”（ ）或按“Shift”＋“F8”键。遇到调用过程语句时用“逐过程”，不转入过程内部，而是执行整个被调用过程后再中断。如果仍用“逐语句”就会转入过程内部逐条执行。

● 单击“跳出过程”按钮（ ）或按“Ctrl”＋“Shift”＋“F8”键。执行完当前过程后会再次中断。

● 如果在程序调试过程中陷入死循环，可以按“Ctrl”＋“Break”键，强行终止，结束程序运行。

调试程序需要耐心细致，尽可能考虑各种可能发生的情况，排除各种隐患。

二、错误处理

正确的程序在执行过程中也可能因为用户操作错误或输入错误而产生意外。由于操作的不可预期性，处理这种错误的办法是设置“捕获”错误的“陷阱”，使错误一旦发生，就会“掉入”预先设置的“陷阱”中，在“陷阱”中可以区分错误性质，并进行相应处理。

（一）设置和撤销错误陷阱

设置错误陷阱的语句格式为：

格式 1： On Error GoTo ＜行标号＞　　　　'发生错误时转到指定行（陷阱）

执行这条语句后，一旦发生错误，程序就转到指定行，在那里对错误性质进行鉴别，并进行相应处理。

设置陷阱语句一般放在过程的开始部分。行标号要放在错误处理程序段的第一条语句前面或单独成行，以冒号结束。通常将错误处理的程序段放在过程最后面，前面加一条“Exit Sub”语句，使得在程序运行正常，未发生错误时跳过错误处理部分。例如：

```
Private Sub Command1_Click ()
    Dim a As Date
    On Error GoTo errHandle              '设置陷阱，防止在下面执行过程中用户输入错误
    a=InputBox ("请输入你的出生日期")     '注意 a 是 Date 型变量，如果输入不是日期，将出错
    ……
    Exit Sub                             '运行正常，结束子程序
errHandle:                               '错误处理
```

```
    If Err.Number=13 Then      '如果输入时发生"类型不匹配"错误
        MsgBox "输入错误,请重新输入一个日期!"
        Resume                 '回到产生错误的语句,重新执行并继续
    Else                       '对其他类型错误显示错误号和错误描述
        Print Err.Number,Err.Description
    End If
End Sub
```

处理错误时往往需要判别错误的性质,根据不同错误进行不同处理。那么怎样判别错误性质呢?上面的例子中已经用到了 VB 提供的、称为 Err 的对象,它有两个属性:

- Err.Number　　'当前错误的错误号
- Err.Description　　'当前错误的文字描述

格式 2: On Error Resume Next　　'不执行发生错误的语句,从下一条语句继续执行

执行这条语句,则捕获错误时,不执行发生错误的语句,也不对错误进行鉴别和处理,而是"躲开"错误语句,从下一条语句继续执行。这条语句一般也放在过程的开始部分。

无论是用格式 1 还是格式 2 设置的"错误陷阱",都可以用下面这条语句撤销:

```
On Error GoTo 0
```

注意

设置、撤销陷阱和错误处理程序都要放在同一个过程中。

(二)错误处理

处理错误时有几种选择。在错误处理程序段中可以使用以下语句:

Resume　　'结束错误处理,回到产生错误的语句重新执行并继续,见上例

Resume Next　　'结束错误处理,回到产生错误的语句,跳过这条语句并继续

Resume <行标号>　　'结束错误处理,转到指定行并继续。行标号必须在同一个过程内

在错误处理部分,可以使用条件语句或选择语句对可能发生的各种错误进行不同处理。假如可能发生 3 种错误,错误号分别为常量 n1、n2 和 n3,则用选择语句处理的程序结构为:

```
Select Case err.Number
    Case n1
        处理错误号为 n1 的情况
    Case n2
        处理错误号为 n2 的情况
    Case n3
        处理错误号为 n3 的情况
    Case else                '对其他错误只显示错误号和文字描述
        msgBox "发生意外错误:" & err.Number & err.Description
End Select
```

常见错误见表 6-1。

表 6-1 常见错误

错误号	错 误 描 述	错误号	错 误 描 述
5	无效的过程调用或参数	61	磁盘已满
6	溢出	68	设备不可用
9	下标越界	71	磁盘未准备好
11	被零除	75	路径/文件访问错误
13	类型不匹配	76	路径未找到
35	Sub 或 Function 未定义	321	文件格式非法
53	文件未找到	438	对象不支持这个属性或方法
57	设备 I/O 错误	744	搜索的文本未找到
58	文件已存在	500	变量未定义

第六节 鼠 标 事 件

鼠标是现代计算机操作的主要工具。鼠标操作，除了单击以外，还有双击、移动、拖动、右击等，有时还会与键盘的"Shift"键、"Ctrl"键和"Alt"键配合，达到快捷简便的操作效果。鼠标操作会引发相应的事件。为了响应用户的操作，需要在相应的事件过程中编写程序。常见的鼠标事件有：

- Dblclick 双击。
- MouseMove 鼠标移动。
- MouseDown 按下鼠标键。
- MouseUp 释放鼠标键。
- DragDrop 拖放。拖动控件到一个目标对象放下。
- DragOver 拖动鼠标越过一个对象。

(一)MouseDown 和 MouseUp 事件

鼠标单击时，实际上会发生 3 个事件，依次为 MouseDown，MouseUp 和 Click。Click 过程没有参数，而 MouseDown 和 MouseUp 事件过程有 4 个参数：

Button As Integer，Shift As Integer，X As Single，Y As Single。

- Button 参数 由按下的鼠标键决定：1—左键，2—右键。
- Shift 参数 按下鼠标键时是否按住"Shift"键、"Ctrl"键或"Alt"键。没有为 0，按住"Shift"键加 1，按住"Ctrl"键加 2，按住"Alt"键加 4。例如同时按住"Shift"键和"Ctrl"键，则该参数为 3。
- X，Y 参数 按下鼠标键时鼠标指针的位置。如果程序要用到鼠标指针的位置，就要在带 X，Y 参数的事件过程中编写。

(二)MouseMove 事件

鼠标移动时，不论鼠标键有没有按下，都会不断发生 MouseMove 事件，也有上述 4 个参数。

(三)DragDrop(拖放)事件

发生在目标对象,而不是被拖动对象上,有以下 3 个参数:

Source As Control,X As Single,Y As Single

- Source 参数　被拖动对象。
- X,Y 参数　放下时鼠标指针的 X,Y 坐标。

对象能不能被拖动与其 DragMode 属性有关。DragMode 属性可取值:

- 0—Manual(手工),不能拖动,除非编程(用 Drag 方法)才能拖动。
- 1—Automatic(自动),可以拖动。此时不发生 Click 事件和 MouseDown 事件。

凡是有 DragMode 属性的控件,包括命令按钮、文本框等,只要将该属性设为 1,就可以拖动。与拖动有关的属性和方法还有:

- DragIcon 属性　拖动时的图标,不指定图标则拖动时是一个虚框。
- Drag 方法

格式　Drag [Action]

Action:0—取消,1—开始(默认),2—结束

例如,如果命令按钮 Command1 的 DragMode 为 0(Manual),本来不能拖动,但加上以下事件过程,也可以被拖动:

```
Private Sub Command1_MouseDown (Button As Integer,Shift As Integer,X As_
Single,Y As Single)
    Command1.Drag
End Sub
```

控件要被拖动到鼠标释放位置,还需要使用 move 方法,例如:

```
Private Sub Form_DragDrop (Source As Control,X As Single,Y As Single)
    Source.Move X,Y
End Sub
```

(四)DragOver 事件

在拖动控件越过一对象时,发生在目标对象的事件。有 4 个参数:

Source As Control,X As Single,Y As Single,State As Integer

- Source 参数　被拖动控件。
- X,Y 参数　松开鼠标键时鼠标指针的 X、Y 坐标。
- State 参数　状态:0—进入时,1—退出时,2—在其中。

例如,对文本框 Text1 DragOver 编程:

```
Private Sub Text1_DragOver (Source As Control,X As Single,Y As Single,State
As Integer)
    Select Case State
        Case 0                              '进入瞬间
            Text1.BackColor=vbRed
        Case 1                              '出来瞬间
            Text1.BackColor=vbWhite
        Case 2                              '进入后
```

```
        Text1.BackColor=vbGreen
    End Select
End Sub
```

则当任何控件被拖动越过文本框时，文本框的背景色就会改变，先变红(进入时)，很快变成绿色(在其中)，后又恢复白色(退出时)。

第七节 键盘事件

键盘事件发生在获得焦点的控件上。击键时依次发生的3个事件为：

- KeyDown 键按下。
- KeyUp 键释放。
- KeyPress 按键。

出乎我们想象的是，并不是只有文本框等用于输入文字的控件能够响应键盘事件。其他很多控件，如命令按钮、图片框、单选按钮、复选按钮等，只要能够获得焦点的，都能够响应键盘事件，不过很少为它们编程而已。

(1)KeyPress 事件有1个参数：KeyAscii As Integer。KeyAscii 即按键的 ASCII 码。

(2)KeyDown 和 KeyUp 事件有2个参数：KeyCode As Integer 和 Shift As Integer。其中：

- KeyCode 按键的"扫描码"。键盘每个按键，包括功能键、控制键等都有一个唯一的扫描码。小键盘和大键盘上的同一个数字有不同的扫描码。
- Shift 参数 与鼠标事件中的 Shift 参数一样，表示是否按住"Shift"键、"Ctrl"键或"Alt"键。没有为0，按住"Shift"键加1，按住"Ctrl"键加2，按住"Alt"键加4。例如，同时按住"Shift"键和"Ctrl"键，则 Shift 参数为3。

KeyPress 事件常用于随时判断用户输入。

【实例6-4】 编程使文本框中只允许输入数字。

思路：可以在 KeyPress 事件过程中进行控制：

```
Private Sub Text1_KeyPress (KeyAscii As Integer)
    Dim c As String
    c=Chr (KeyAscii)
    If c <"0" Or c>"9" Then KeyAscii=0
End Sub
```

KeyAscii 是传址参数，在事件过程开始时为按键的 ASCII 码，过程结束时将加入文本框。如果在过程中被修改，就会改变输入到文本框的字符。本例中如果输入不是数字，就令 KeyAscii=0，相当于取消输入。

【实例6-5】 在文本框中输入时自动将小写换成大写。

代码如下

```
Private Sub Text1_KeyPress (KeyAscii As Integer)
    Dim c As String
    c=Chr (KeyAscii)
    If c>="a" And c <="z" Then KeyAscii=KeyAscii-32
End Sub
```

KeyDown 和 KeyUp 事件比较少用。下面的例子用于显示按键时扫描码和 Shift 参数。

```
Private Sub Text1_KeyDown (KeyCode As Integer,Shift As Integer)
    Label1.Caption="KeyCode=" & KeyCode & ",Shift=" & Shift
End Sub
```

上机实训 6

【上机目的】

学习子程序和函数的定义与调用。

【上机题】

(1)编写求两数的最大公约数的函数,利用该函数求 3 个数的最大公约数,如图 6-9。

提示

3 个数的最大公约数是其中两个数的最大公约数与第三个数的最大公约数。

(2)编制函数过程 Prime(x),如果 x 是素数,则 Prime(x)为 True,否则为 False。利用该函数验证哥特巴赫猜想:任何一个不小于 6 的偶数都可以表示为两个素数之和。界面如图 6-10 所示。

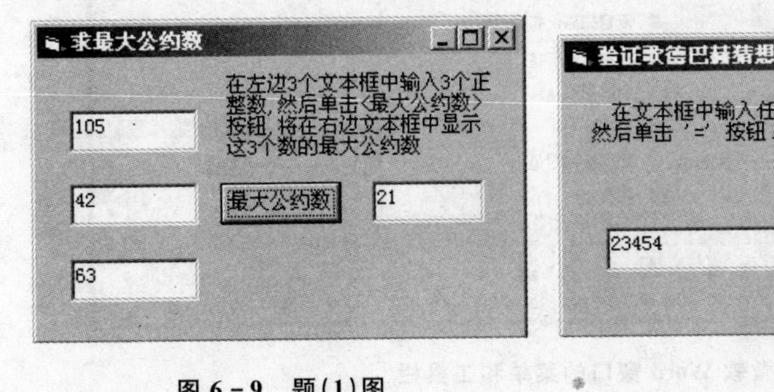

图 6-9　题(1)图

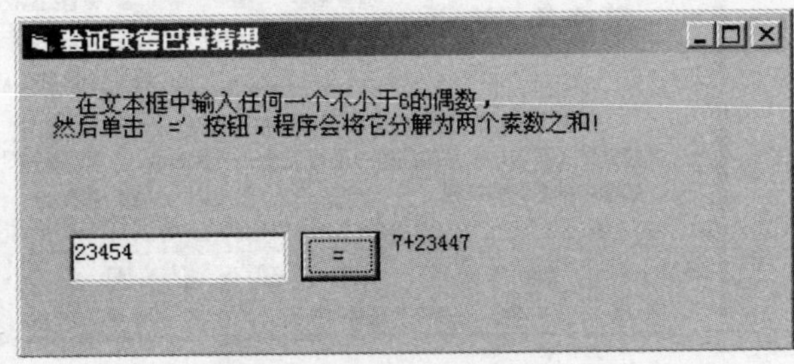

图 6-10　题(2)图

(3)编制子程序 TrimAll(s),参数为字符型,功能:去除字符型变量中的所有空格。例如:

```
a$=" My name is John"
TrimAll a
Print a                          '将输出:MynameisJohn
```

要求:用类似以上方法,赋值语句改为用输入框输入 a$ 的内容,在一个命令按钮的事件过程中调用该过程,验证 TrimAll 的功能。

第七章　菜单、工具栏和公共对话框

很多应用程序窗口都有菜单和工具栏。图 7－1 是正在编写本书时的 Word 窗口。主菜单的每一项往往是“下拉式”的子菜单，子菜单的每一项可以是一个菜单命令（作用与命令按钮相同），也可以又包含一个子菜单，如图中的“图片”菜单项。菜单的层次结构不仅能够集中程序的各项功能，便于组织、浏览，也便于调用。

为了进一步方便操作，还可以再添加工具栏，将最常用的菜单命令用图标按钮来表示。用户只要单击图标，就能完成相应操作，既直观，又快捷。

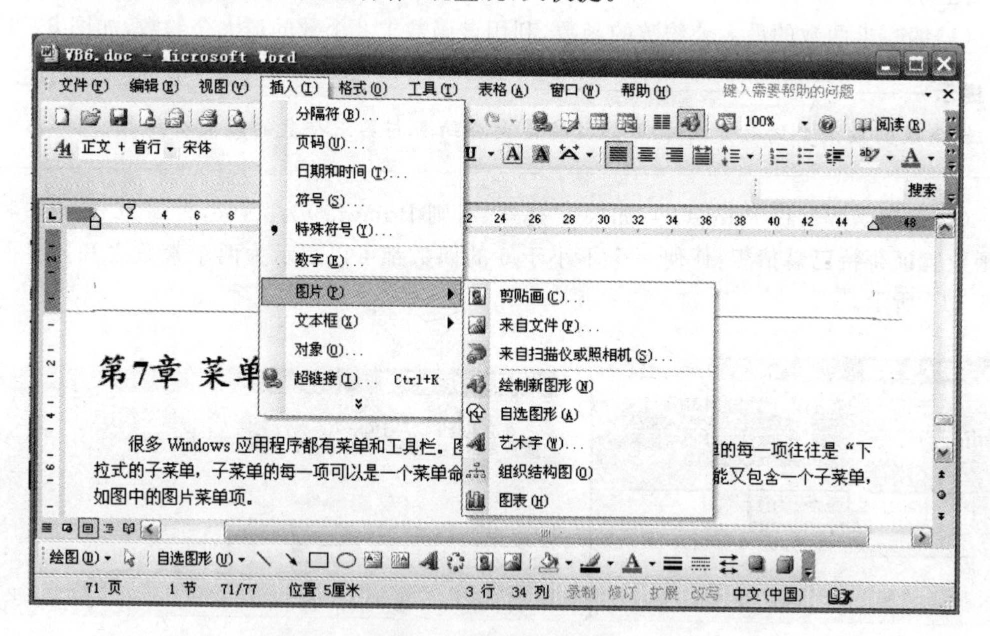

图 7－1　微软 Word 窗口的菜单和工具栏

在讲述菜单和工具栏之前，先介绍以后经常要用到的公共对话框。

第一节　公共对话框

对话框是应用程序与用户进行交互的可视化手段。例如，要打开一个文件，最好是让用户在一个“打开”文件的对话框中进行选择。设计“打开”对话框比较复杂，最好有现成的可以调用。公共对话框就是为此而设计的。

公共对话框不是标准控件，而是可插入部件，因此不在工具箱中。使用时得先把它从

“部件”仓库中找出来，放在工具箱中。

【实例 7-1】　将公共对话框移到工具箱中。

操作步骤

①在工具箱内右击弹出“工具箱”的快捷菜单，如图 7-2 所示。

②选择“部件”，显示“部件”对话框。

③在“部件”对话框中选择“Microsoft Common Dialog Control 6.0”，如图 7-3 所示。

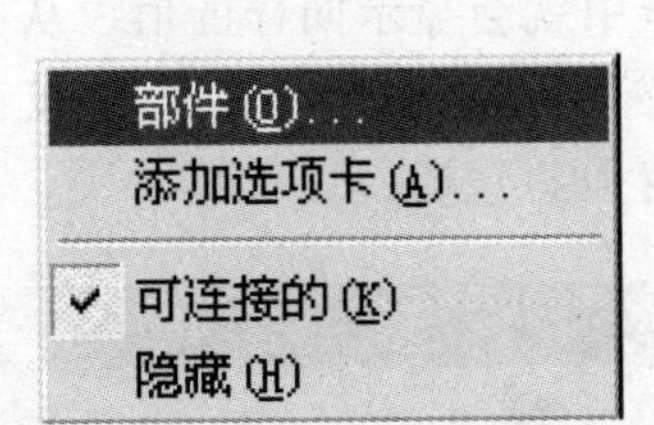

图 7-2　“工具箱”快捷菜单

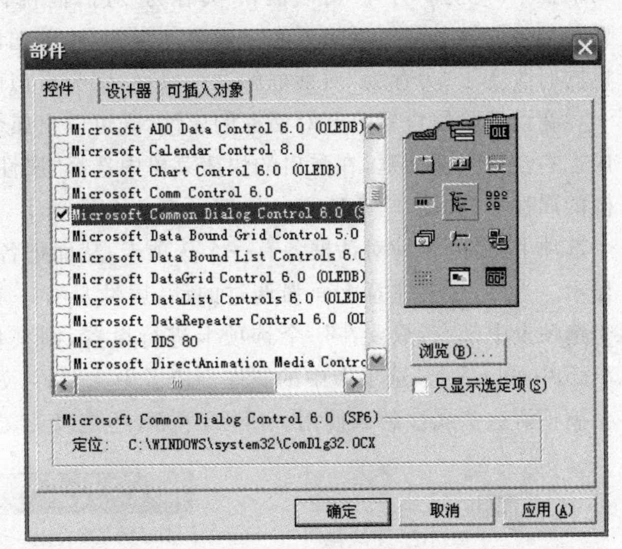

图 7-3　“部件”对话框

说明

图 7-3 下面的框架中显示:″定位:c:\WINDOWS\system32\ComDlg32.ocx″，表示这个部件的程序文件的路径和名称，它的文件扩展名为“.ocx”，这是所谓的 ActiveX 控件的文件扩展名。部件仓库中的控件代码保存在单独的文件中，而标准控件的代码都在启动程序 VB6.exe 文件中。在 VB 的 IDE 窗口中也能编写 ActiveX 控件，并保存为.ocx 文件。如果你能把你的创意编写成 ActiveX 控件，你就能为 VB 的部件仓库添砖加瓦了。

④单击“确定”按钮，在工具箱中将增加一个图标，这就是公共对话框。

与其他控件一样，要使用公共对话框还需要把它加入到窗体中。窗体中的公共对话框也仅仅是一个图标，就像定时器一样，在程序运行时是可用而不可见的。与其他控件一样，公共对话框也有它的属性和方法，只是没有事件。

别小看这个小小的图标，里边却包含有 6 个非常有用的对话框，使用也十分方便。要打开这 6 个公共对话框，只要分别调用下列 6 个方法，或者对公共对话框的 Action 属性赋值，效果相同。一般使用方法来打开，因为看上去更清楚，更便于记忆，不容易搞错：

- ShowOpen　显示“打开”(Open)文件对话框，或用 Action=1。
- ShowSave　显示“另存为”(Save)对话框，或用 Action=2。

- ShowColor　显示“颜色”(Color)对话框，或用 Action＝3。
- ShowFont　显示“字体”(Font)对话框，或用 Action＝4。
- ShowPrinter　显示“打印机”(Printer)对话框，或用 Action＝5。
- ShowHelp　显示“帮助”(Help)对话框，或用 Action＝6。

讲到公共对话框的属性，先要强调一点，那就是，虽然有 6 个对话框，但控件只有一个。一个控件只有一套属性，有的属性可能只对某个对话框有意义，但有的属性可以用在不同的对话框中。例如“打开”对话框和“另存为”对话框就有很多共同的属性，而“字体”对话框需要的很多属性其他对话框没有。需要注意的是，譬如说，在“打开”对话框中改变了某个属性也同时改变了“另存为”对话框的这个属性，因为看似两个对话框的属性，实际上是同一个。

在设计阶段设置公共对话框的属性，既可以在属性窗口中进行，也可以在“属性页”中完成。右击公共对话框，在弹出的快捷菜单中选择“属性”，如图 7－4 所示，即可调出公共对话框的属性页，如图 7－5 所示。属性页有 5 个选项卡，其中“打开”和“另存为”对话框共用一个选项卡，另外 4 种对话框各有一个选项卡，从而把各种对话框需要的属性分开进行设置或显示。当然，还要注意上面强调过的话：属性只有一套。例如“标志”(Flags)属性在前面 4 个选项卡中都有，只要在一个选项卡进行设置，则其他选项卡中就会显示同样的值。从图 7－5 中可以看到，选项卡中的属性都用了中文名称，如果不知道对应的属性英文原名，反而会搞不清这些属性怎么使用。所以，下面，还是以英文原名为主加以说明。

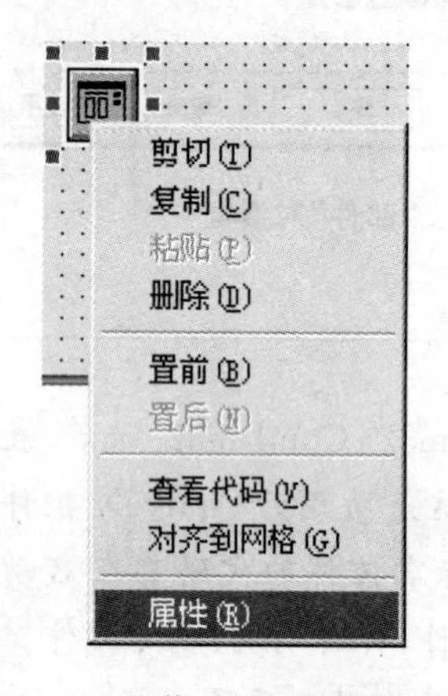

图 7－4　公共对话框的快捷菜单

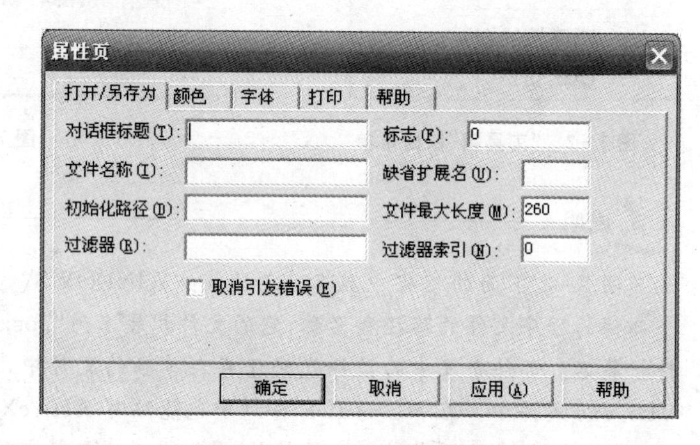

图 7－5　公共对话框的属性页

一、“打开”和“另存为”对话框

“打开”对话框和“另存为”对话框如图 7－6 所示。“打开”对话框用于选择一个要打开的文件，“另存为”对话框是为了保存文件时选择路径和设置文件名。

相信大家对这两个对话框都很熟悉，也都用过，知道怎样操作。两者看上去几乎没有区别，除了标题不同，有一个按钮不同(一个显示“打开”，另一个显示“保存”)，在打开对话框底部多了一个选择框以外，其他都一样，这是因为它们有很多共同属性。

用到的主要属性有：

- FileName(文件名称)属性　用户所选文件路径和文件名。显示对话框的目的就是为了让用户选择一个文件来打开或保存。用户单击“打开”按钮或“保存”按钮后，所选文件路

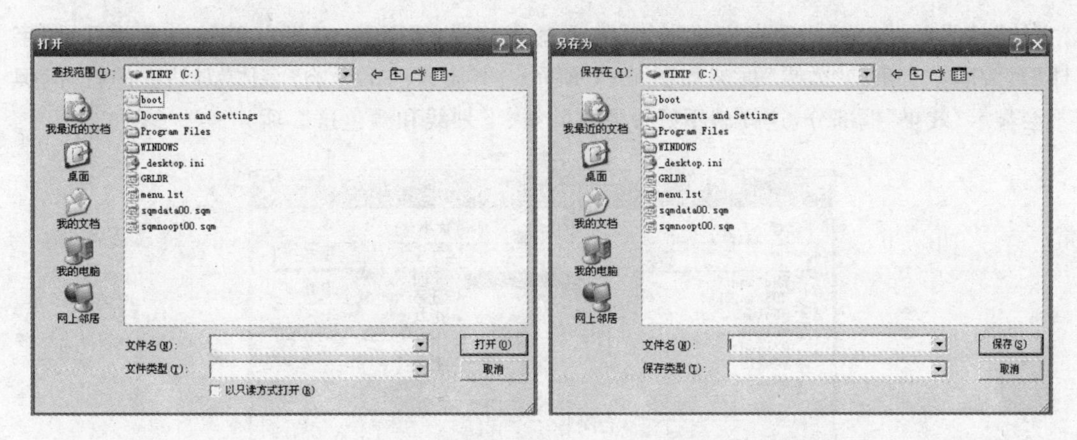

图 7-6 "打开"文件对话框(左)和"另存为"对话框(右)

径和文件名就会保存在公共对话框的这个属性中,仅此而已!要真正打开文件或保存文件还要靠后续语句。

● Filter(过滤器)属性 为了限制文件选择范围,在对话框的下部有一个选择文件类型的下拉框。下拉框列表内容由过滤器决定。列表有多行,每一行在过滤器中要用两项来表示。**表示格式为:**

描述|通配符[|…|…]

例如:

CommonDialog1 Filter="所有文件|*.*|图片文件|*.bmp;*.jpg,*.ico|文本文件|*.txt"

CommonDialog1.ShowOpen 　　　　'显示"打开"对话框

则显示"打开"对话框时,在文件类型下拉框中已加入3行:第1行为"所有文件",第2行为"图片文件",第3行为"文本文件"。如果用户在文件类型下拉框中选择第1行"所有文件",则根据第1个通配符"*.*",将显示目录中所有文件供选择;如果用户在文件类型下拉框中选择第2行"图片文件",则根据第2个通配符"*.bmp;*.jpg,*.ico",将只显示目录中所有类型为bmp或jpg或ico的文件供选择;如果用户在文件类型下拉框中选择第3行"文本文件",则根据第3个通配符"*.txt",将只显示目录中所有类型为txt的文件供选择。

● FilterIndex(过滤项索引)属性 用户选择的过滤项索引号(从0开始),即用户选择的文件类型。后续程序可以根据这个属性判别用户选择的文件类型。如上例,在后续程序中,若CommonDialog1 FilterIndex=1,则要打开的文件为图片文件,可以用处理图片的程序来打开它;若CommonDialog1 FilterIndex=2,则要打开的文件是文本文件,就要用处理文字的程序来打开它。

二、"字体"对话框和 with 语句

要打开字体对话框,得预先设置公共对话框的Flags(标志)属性,然后用ShowFont方法打开:

CommonDialog1.Flags=cdlCFBoth+cdlCFEffects 'VB符号常量,值为3+256=259

CommonDialog1.ShowFont

VB符号常量cdlCFBoth(值为3)表示要同时加载屏幕字体和打印字体,否则无法打开

"字体"对话框，会显示"没有安装字体"的消息框。cdlCFEffects（值为 256）表示要显示"字体"对话框左下角的"效果"框架如图 7－7 所示。不加该项不影响"字体"对话框的打开，但不会显示"效果"框部分，这样就不好设置删除线、下划线和颜色这 3 项。

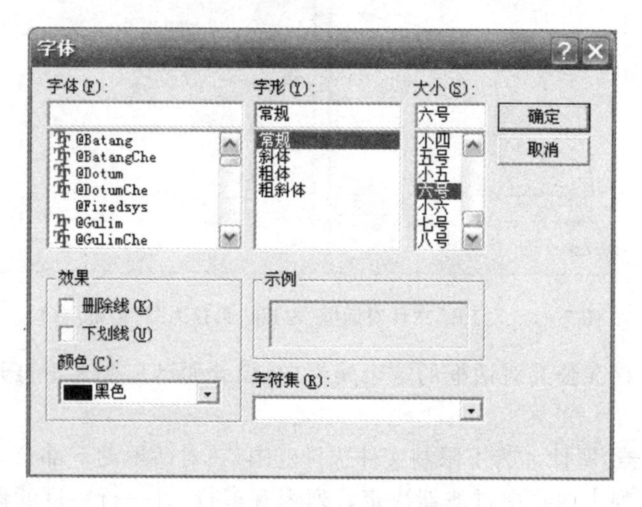

图 7－7 "字体"对话框

在字体对话框中完成各项操作，单击"确定"按钮关闭对话框后，用户选择的字体、大小、字形、颜色等将保存在公共对话框的下列属性中：

- FontName（字体名称），类型为 String。
- FontSize（字体大小），类型为 Single，单位为磅（point）。
- FontBold（粗体），Boolean 型。
- FontItalic（斜体），Boolean 型。
- FontUnderline（下划线），Boolean 型。
- FontStrikeThru（删除线），Boolean 型。
- Color（颜色），类型为 Long。

字体大小单位为磅（point），1 磅等于 1/72 英寸。中文字号按表 7－1 进行转换。

表 7－1 中文字号的磅值

中文字号	初号	小初	一号	小一	二号	小二	三号	小三	四号	小四	五号	小五	六号	小六	七号	八号
磅值	42	36	26	24	22	18	16	15	14	12	10.5	9	7.5	6.5	5.5	5

要在程序中改变控件的字体、大小、字形、颜色等，应对其相应属性进行赋值。

【实例 7－2】 用字体对话框设置文本框的字体。窗体中除一个文本框、一个命令按钮以外，还要加入一个公共对话框（运行时不显示），如图 7－8 所示。

操作步骤

①设计界面如图 7－8 所示。

②编写"字体"按钮的 Click 事件过程代码如下：

```
Private Sub Command1_Click ()
'设置 Flags 属性
```

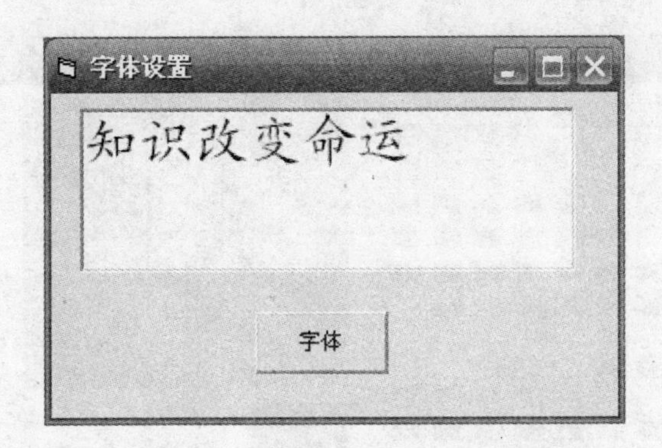

图 7-8 用字体对话框设置文本框的字体

```
CommonDialog1.Flags=cdlCFBoth+cdlCFEffects
'打开字体对话框
CommonDialog1.ShowFont
'对文本框的相应属性赋值
  With CommonDialog1
    Text1.FontName=.FontName
    Text1.FontSize=.FontSize
    Text1.FontBold=.FontBold
    Text1.FontItalic=.FontItalic
    Text1.FontUnderline=.FontUnderline
    Text1.FontStrikethru=.FontStrikethru
    Text1.ForeColor=.Color
  End With
End Sub
```

说明

With…End With 语句用于省去多次输入同一个对象名的麻烦，增加程序的可读性。如上例中把对象名"CommonDialog1"放在 With 后面，以后所有在"End With"前面的语句中，以点(.)开始的属性都指该对象的属性。例中，如果 With 后面用 Text1，则每行前面的 Text1 可以省去，而等号右边就要加上 CommonDialog1。

三、"颜色"对话框

颜色对话框为便于用户选择颜色而设计，如图 7-9 所示。

如果公共对话框的 Flags 属性为 0，则打开颜色对话框时只显示左半边；如果 Flags 属性为 3，显示全部。用户所选的颜色值保存在公共对话框的 Color 属性中。前面已经介绍过，在"字体"对话框中也能改变这个属性，不过在颜色对话框中有更多、更灵活的选择罢了。

关于"打印"对话框和"帮助"对话框，因为用得较少，这里就不介绍了。

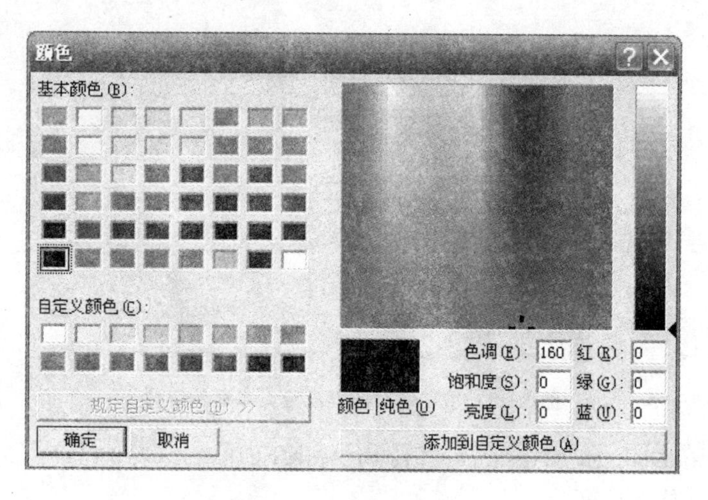

图 7-9 "颜色"对话框

第二节 菜单编辑器

一、菜单的结构

菜单有两种:标准菜单和快捷菜单。标准菜单通常放在窗口标题下面,快捷菜单平时不显示,当鼠标右击时在鼠标指针附近显示。

菜单通常具有树形结构,即层次结构。最上面的一层称为主菜单,显示在窗口标题栏下面。菜单由若干个菜单项组成。菜单项有两种,一种引出下层菜单,就叫子菜单;另一种执行一个过程,就像一个命令按钮,称为菜单命令。有的菜单中带有横线,只起到分隔作用,这是一种特殊的菜单项,不执行任何命令,但在程序中能够用来产生新的菜单项。

现在假定要为一个称为"我的写字板"的小应用程序制作一个标准菜单,如图 7-10 所示,它的主菜单有 3 项:"文件"、"编辑"和"格式"。"文件"菜单下面有 6 个菜单项(包括一条横线),其中第一项含有子菜单;"编辑"菜单包含 3 项;"格式"菜单包含 2 项。

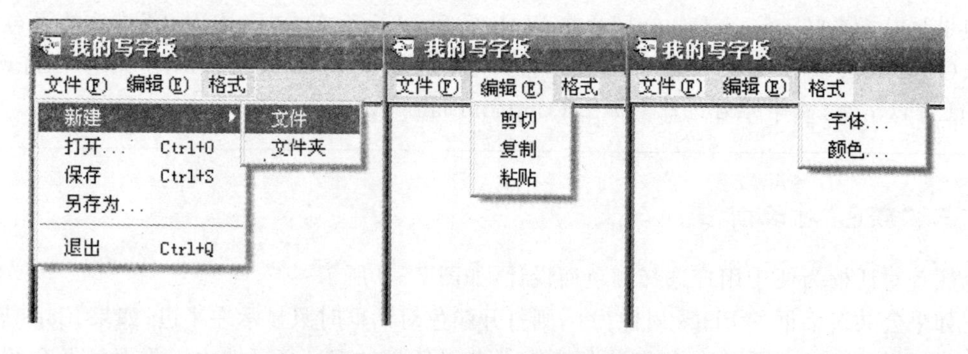

图 7-10 "我的写字板"中的菜单

生成和编辑菜单都在"菜单编辑器"中完成。

在窗体中右击弹出的快捷菜单如图 7-11 所示,在其中选择"菜单编辑器"或在"工具"

菜单中选择"菜单编辑器",都可打开"菜单编辑器"对话框,如图7-12所示。图下面的列表框中是用户编辑的菜单,开始时是一片空白。

图7-11　窗体的快捷菜单

二、菜单项的属性和事件

使用菜单编辑器时,先要记住:每个菜单项都是一个对象,与其他控件一样有属性。编辑菜单就是为菜单项设置属性。菜单项有以下属性,括号中是图7-12中设置这些属性的地方:

- Caption(标题)　String型。必须。

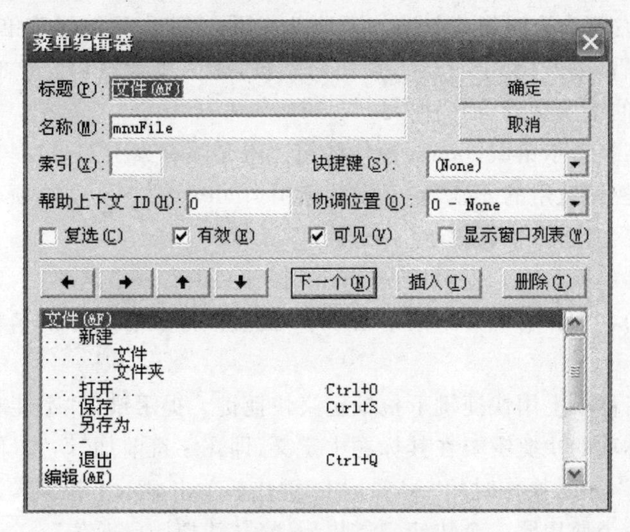

图7-12　在"菜单编辑器"中编辑菜单

- Name(名称)　String型。必须而且不能与其他菜单项或控件重名。只读。
- Index(索引)　Integer型。如果加索引,就是数组成员!只读。
- Checked(复选)　Boolean型。为True时菜单项前面打"√"。
- Enabled(有效)　Boolean型。无效(False)时呈灰色,菜单项不能用。
- Visible(可见)　Boolean型。为False时隐藏菜单项。
- WindowList(显示窗口列表)　Boolean型。确定是否维护当前MDI子窗口的列表。只读。
- HelpContextID(帮助上下文ID)　有帮助文件时使用。

快捷键和协调位置不是菜单项的属性,应在相应的下拉框中选择。快捷键只能用于菜单命令,协调位置(调整菜单项左右位置)只能用于顶层菜单项。

只读属性在运行期间不能修改,其他可控。例如,可以根据程序运行情况改变菜单项的标题,设置有效性、隐藏或重新显示菜单项,或在菜单项前面打"√"等。

菜单项没有方法,而且只有一个Click事件。单击菜单命令时执行该事件过程。

三、菜单项的编辑

理解菜单项的每个属性后，编辑菜单就比较简单。

● 增加一项　在“菜单编辑器”中输入一个菜单项至少要输入“标题”和“名称”两项。单击“下一个”按钮再输入下一项。

● 如果要在菜单中加入一条横线，标题必须是短划线(减号)，名称不能少。

● 插入一项　在下面的列表中选择一项，单击“插入”按钮，在所选项前面可以插入新项。

● 删除一项　在下面的列表中选择一项，单击“删除”按钮即可删除所选项。

● 上下移动　用上下箭头按钮可以上下移动菜单项的位置。

● 层次移动　右箭头按钮将菜单项往下移动一层，左箭头按钮将菜单项往上移动一层。

完成菜单编辑后，单击“确定”按钮，关闭对话框，返回设计窗口。这时可能会提示编辑错误。初学者常犯的错误有以下几种：

(1)菜单项重名。提示错误“menu 控件数组元素必须有索引”。这是因为 VB 把重名菜单项看做是同一个控件数组的元素，而又发现索引(Index)为空。菜单项名称如果与窗体上的其他控件重名，也会出错，错误提示“…是控件”。

(2)没有输入菜单项名称。提示错误“menu 控件必须有一个名称”。菜单项和其他控件不同，它没有默认的名称。要为每个菜单项取名，而且最好取有用意的名称，以便记忆，也便于程序阅读理解。

(3)在子菜单名称项上用快捷键下拉框定义快捷键。提示错误“不能在顶层菜单上加快捷键”。子菜单名称项的快捷键要在其标题中定义，即在字符前加“&”。例如定义为“&F”，则在标题中显示“F”，表示操作时用“Alt”+“F”键代替单击显示下拉菜单。

(4)不同菜单命令使用同一个快捷键。提示错误“快捷键已赋值”。

四、菜单的代码设计

菜单可以看做一种类似命令按钮的控件，它有唯一的事件——Click(除分隔条)。在设计阶段也能够显示各级子菜单，单击其中的命令型菜单项，与其他控件一样，也会自动转到代码窗口，并自动插入其 Click 事件过程框架(Sub…End Sub)。在代码窗口的“对象”下拉框中也能找到所有菜单命令的名称。如果在其中选择一个菜单命令，也会自动插入其 Click 事件过程框架或者转到该过程中(如果过程已建立)。初学者往往喜欢按现成的例子自己输入过程框架，这样做既麻烦，又容易出错，吃力不讨好。

下面以“我的写字板”为例，说明菜单的代码设计。

【实例 7-3】 设计“我的写字板”程序。

思路：Windows 附件中的“写字板”程序我们也能编写！不过在此之前，还要介绍一个比一般文本框(TextBox)更好用的文本框，其类名为 RichTextBox。Rich 是“丰富”的意思，所以称它为“增强型文本框”。这是一个 Active 控件，所以与公共对话框一样，要到“部件”仓库中去取出来放在工具箱中，然后再加入到窗体中。这个部件的名称是 Microsoft Rich Textbox Control 6.0，操作与添加公共对话框一样，这里就不多讲了。增强型文本框比一般文本框强在哪里呢？强在它有几个很好用的属性和方法，是一般文本框所没有的。

● SelText(已选文本)属性 用户在文本框中选择的文字段。因此,在运行期间通过该属性可以知道用户要对哪部分文字进行处理。

● SelFontName,SelFontSize,SelBold,SelItalic,SelColor 等(未全部列出)属性 可用于对所选文字段的字体名称、字体大小、字型和字体颜色等进行设置。

● LoadFile(加载文件)方法 将文件内容全部读入到文本框中。**格式:**

<对象名>. LoadFile <文件名>

● SaveFile(保存文件)方法 将文本框中内容保存到文件中。**格式:**

<对象名>. SaveFile <文件名>[,rtfRTF| rtfText]

如果要保存为纯文本文件,后面要加 rtfText(VB 符号常量,值为 1);如果要保存为 RTF 格式(即 Windows“写字板”程序所用文件的格式),可以省去第 2 个参数,或加 rtfRTF (VB 符号常量,值为 0)。

上面提到的属性使我们能够处理增强型文本框中不同文字段的格式,而 LoadFile 方法和 SaveFile 方法为打开和保存文件提供了极大的方便,是一般文本框所不具备的。

下面是写字板的部分代码。其中 CDL 是公共对话框的名称,Rtext1 是增强型文本框的名称。

```
Dim Unsaved As Boolean                        '已改未保存标记,模块级变量
'窗体大小改变时,发生 Resize 事件,用 Move 方法使文本框始终占满窗体工作区
Private Sub Form_Resize ()
    Rtext1. Move 0,0,Me. ScaleWidth,Me. ScaleHeight '后面两个参数是工作区的宽和高
End Sub
'“退出”菜单项
Private Sub Exit_Click ()
    End
End Sub
'如果文本框内容改变,置 Unsaved 标记
Private Sub Rtext1_Change ()
    Unsaved=True
End Sub
'“新建文件”菜单项
Private Sub MakeFile_Click ()
'新建文件前先检查文本框中内容是否已保存
    If Unsaved Then                           '如未保存,询问是否保存
        If MsgBox ("文档未保存,保存?",vbYesNo+vbExclamation,"警告!")=_
        vbYes Then
            FileSave_Click                    '保存文件
        End If
    End If
```

```
        Rtext1. Text=""                                    '清空文本框
        Me. Caption="NoName"                               '新文件暂用名"NoName"
        Unsaved=False
    End Sub
    '"打开"菜单项
    Private Sub FileOpen_Click ()
    '打开文件前先检查文本框中内容是否已保存
        If Unsaved Then                                    '如未保存,询问是否保存
          If MsgBox ("文档未保存,保存?",vbYesNo+vbExclamation,"警告!")=_
          vbYes Then
             FileSave_Click                                '保存文件
          End If
        End If
        CDL. ShowOpen                                      '用户指定要打开的文件
        Rtext1. LoadFile CDL. FileName                     '将文件内容读入文本框
        Me. Caption=CDL. FileName                          '文件名显示在标题栏
        Unsaved=False
    End Sub
    '"保存"菜单项
    Private Sub FileSave_Click ()
        If Me. Caption="NoName" Then             '如果是新文件用"另存为"对话框
          CDL. ShowSave                          '用户指定要保存的文件名和路径
          Rtext1. SaveFile CDL. FileName         '保存到文件
        Else
          Rtext1. SaveFile Me. Caption           '如果不是新文件,直接保存到标题栏
                                                 指明的文件
        End If
        Unsaved=False
    End Sub
    '"另存为"菜单项
    Private Sub FileSaveAs_Click ()
        CDL. ShowSave
        Rtext1. SaveFile CDL. FileName
        Unsaved=False
    End Sub
    '"字体"菜单项
    Private Sub FormatFont_Click ()
        CDL. Flags=3+256
        CDL. ShowFont                            '打开字体对话框
```

```
'改变所选文字段的字体、大小、字型、颜色
    With Rtext1
        .SelFontName=CDL.FontName
        .SelFontSize=CDL.FontSize
        .SelBold=CDL.FontBold
        .SelItalic=CDL.FontItalic
        .SelColor=CDL.Color
    End With
End Sub
'"背景颜色"菜单项
Private Sub FormatColor_Click ()
    CDL.ShowColor                          '打开颜色对话框
    Rtext1.BackColor=CDL.Color             '改变文本框的背景色
End Sub
```

五、菜单项数组与菜单项的动态增减

菜单项数组是控件数组的一种。为了达到动态增减菜单项的目的，就要使用菜单项数组。

在很多应用程序中，已打开过的文件会出现在"文件"菜单中，单击之即可再次打开，十分方便，如图 7 - 13 所示。

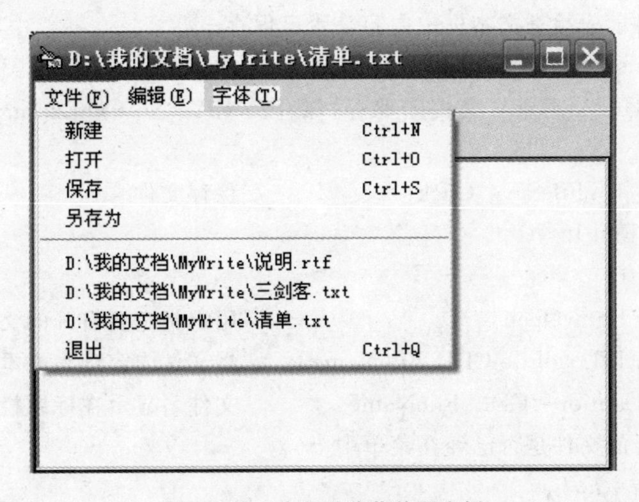

图 7 - 13　动态增减菜单项实例

【实例 7 - 4】　修改"我的写字板"程序，使其"文件"菜单中能显示打开过的文件。

思路：

(1)选用一个菜单项作为数组的第一个元素。最合适的菜单项是那条横线！这只要在"菜单编辑器"中将这个菜单项(FileSp)的索引(Index)属性改为 0，其他无需改动。

(2)每打开一个文件就用 Load FileSp (n)方法产生一个新的菜单项，依次产生的菜单项名称为：

```
FileSp (1),FileSp (2),FileSp (3),…
```

(3)如果打开的文件已经在菜单中,就不要再重复加入。

(4)每产生一个新的菜单项,要对其属性赋值。对第 n 个菜单项数组元素赋值的语句为:

```
FileSp (n).Caption=＜打开文件的名称和路径＞        '见图 7-13
FileSp (n).Visible=True                          '新生成的菜单项不可见,
                                                  要使其可见
```

(5)变量 n 应该是模块级变量,要在模块声明段声明:

```
Dim n As Integer
```

每增加一个菜单项数组元素,n 加 1。

(6)新增菜单项不能太多,否则菜单太长,因此要设置 n 的上限,定义最大值,例如:

```
Const Max=4
```

当数组元素达到最大值时,不再增加菜单项。在打开新的文件时,只要移动菜单项的标题。

(7)单击菜单中要打开是文件名,就会将其内容读入文本框中。

以下是修改后的部分程序,其中斜体显示部分为新加入的语句。

```
Dim Unsaved As Boolean                  '已改未存标记
Dim n As Integer                        '打开过的文件数,即增加的菜单项数目
Const max=3
'"打开"菜单项事件过程
Private Sub FileOpen_Click ()
    Dim Exist As Boolean                '文件名已存菜单中标志
'打开文件前先检查文本框中内容是否已保存
    If Unsaved Then                     '如未保存,询问是否保存
        If MsgBox ("文档未保存,保存?",vbYesNo+vbExclamation,"警告!")=_
        vbYes Then
            FileSave_Click              '保存文件
        End If
    End If
    CDL.ShowOpen                        '用户指定要打开的文件
    Rtext1.LoadFile CDL.FileName        '将文件内容读入文本框
    Me.Caption=CDL.FileName             '文件名显示在标题栏
'检查打开的文件是否已经在菜单中
    Exist=False
    For i=1 To n
      If CDL.FileName=FileSp (i).Caption Then
          Exist=True                    '标志文件名已经在菜单中
      End If
    Next i
      If Not Exist Then                 '如果打开的文件不在在菜单中
        If n>=max Then                  '如果新增菜单项数量已达到最大,向上
```

```
                                                移动,去掉第一项
            For i=1 To n-1
              FileSp (i).Caption=FileSp (i+1).Caption
            Next i
            FileSp (n).Caption=Me.Caption           '打开的文件名在标题栏中
          Else                                    '否则,新增一项,并将文件名加入菜单中
            n=n+1
            Load FileSp (n)                       '新增一项,并修改属性
            FileSp (n).Caption=Me.Caption
            FileSp (n).Visible=True
          End If
        End If
        Unsaved=False
      End Sub
```

请大家认真阅读程序,体会菜单项数组所起的作用。如果不用菜单项数组,要实现菜单的动态增减就没有那么简单。

六、快捷菜单

快捷菜单又称弹出式菜单,其最大特点是与鼠标右击的对象有关,菜单中只包含与该对象有关的操作。如果不知道怎样操作一个对象,可以尝试右击该对象,看会不会弹出一个快捷菜单,如果有,就可以了解对这个对象有哪些常用操作。

快捷菜单的编辑也是在“菜单编辑器”中完成的,往往是总菜单中的一个子菜单。显示快捷菜单的语句格式为:

PopupMenu <菜单名>[,<标志>,x,y,<粗体菜单项>]

说明

(1)只有菜单名是必须的,并已在“菜单编辑器”中定义。

(2)菜单中的各项菜单命令应该与所右击的对象有关。

(3)标志(Flags)与菜单的位置及行为有关,默认情况下弹出位置(菜单左上角)为鼠标指针所在位置,只能在右击时弹出。

(4)如果希望在其他位置弹出,可以用 x 和 y 指定快捷菜单左上角坐标。

(5)如果希望突出快捷菜单中的某个菜单项,可以将该菜单项名称作为最后一个参数。

提示

最好别用后面 4 个参数!没有多大用处,说不定还会带来混乱。

鼠标右击将发生 MouseDown 事件,要显示快捷菜单应在此事件过程中编程。例如,在“我的写字板”程序中,为了在文本框中弹出“编辑”菜单(菜单名为 mnuEdit),应编写代码:

```
Private Sub Rtext1_MouseDown (Button As Integer, Shift As Integer, x As_
```

```
Single,y As Single)
  If Button=2 Then                    '按下鼠标右键时 Button=2
    PopupMenu mnuEdit                 '弹出"编辑"菜单
  End If
End Sub
```

第三节　工　具　栏

"工具栏"(ToolBar)也是一个 ActiveX 控件,需要到"部件"仓库中去取出来,放在工具箱中,然后才能加入到窗体中。部件名称为 Microsoft Windows Common Controls 6.0(Windows 公共控件)。

一、Windows 公共控件

Windows 公共控件有 9 个,"工具栏"只是其中之一。这 9 个控件如表 7-2 所示。

表 7-2　Windows 公共控件

图标	类　名	译　名	用　　途
	ToolBar	工具栏	可加入各种图标按钮,方便用户操作
	ImageList	图像列表	可存放一组图像,供其他控件使用,运行时隐藏
	StatusBar	状态栏	可存放并显示多个状态信息
	TabStrip	选项卡	可将控件分组存放在多个选项卡中
	ImageCombo	图像组合框	可含图标和文字的组合框
	TreeView	树结构视图	可建立类似文件目录的树形结构
	ListView	列表视图	可使用 4 种不同视图(大图、图标、列表和详细)显示项目
	ProgressBar	进度条	用方块从左到右填充一个长条来表示一个较长操作的进度
	Slider	滑动条	类似滚动条,可显示刻度

要制作工具栏,应在工具箱中加入 Windows 公共控件后,再在窗体中加入 ToolBar 和 ImageList 两个控件。

工具栏(ToolBar)的 Align(靠边)属性决定工具栏的位置:

- 0 — vbAlignNone　不靠边,大小可变。
- 1 — vbAlignTop　停靠上边,默认位置,在菜单栏下面,左右到头。
- 2 — vbAlignBottom　停靠下边,左右到头。
- 3 — vbAlignLeft　停靠左边,上下到头。

● 4 — vbAlignRight　停靠右边，上下到头。

图像列表控件(ImageList)用于保存工具栏中所需的按钮图标。

二、图像列表

要在工具栏中加入图标按钮，最好先把按钮所需的图像放到图像列表中。图像尽量用现成的，在 Visual Studio 中有很多图标文件，可以在“Microsoft Visual Studio\Common\Graphics\Icons”目录中找到。如果想要自己设计，也可以使用 VS 提供的工具程序 ImagEdit 来制作。图 7－14 所示是要在“我的写字板”中加入的工具栏，里面有 6 个图标按钮。

图 7－14　工具栏和图标按钮

【实例 7－5】　为“我的写字板”窗口添加图 7－14 所示工具栏图标。

操作步骤

①在设计窗口的图像列表上右击，在打开的快捷菜单中选择“属性”，显示其“属性页”对话框，选择“图像”选项卡，如图 7－15 所示(已插入 6 个图标)。

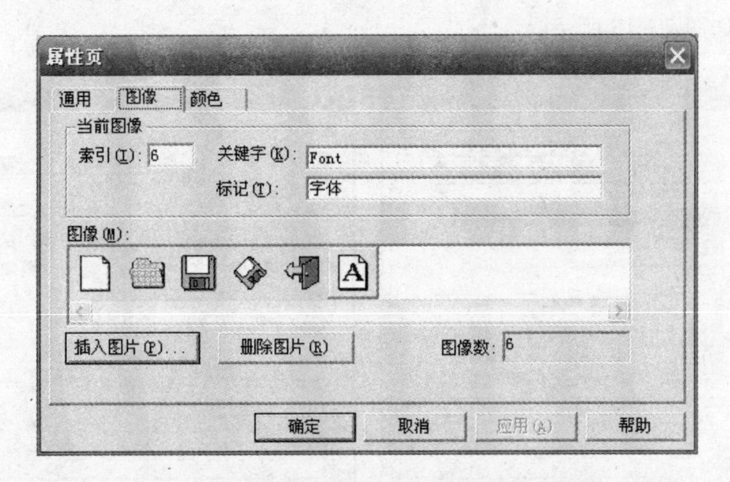

图 7－15　在图像列表中加入图标按钮的图像

②单击“插入图片”按钮，在显示的“选择图片”对话框中选择所需的图片文件。

③单击“确定”按钮，则图像保存在图像列表中。

图像列表中所有图像组成的集合是其 ImageList 属性。集合的主要属性有：

● Count　元素个数。

● Item　元素数组。

还可以用 Add 方法动态加入集合元素。

【实例 7－6】　假定在图像列表中已保存若干个图像，编程显示其中所有图像。

思路：在窗体中加入一个图像框控件 Image1，在其 Click 事件过程中加入如下代码，则单击图像框，将轮流显示图像列表中的所有图像。

```
Private Sub Image1_Click ()
  Static i As Integer                              '要用静态变量
  Dim n As Integer
  n=ImageList1. ListImages. Count                  '图像列表中图像个数
  i=i Mod n+1                                      'i 从 1 ～ n 循环
  '用列表中图像对图像框的 Picture 属性赋值
  Image1. Picture=ImageList1. ListImages. Item (i). Picture
End Sub
```

举一反三：Windows 有一些扑克牌游戏程序，如空当接龙等，52 张扑克牌的图案可以分花色放在 4 个 ImageList 控件中。窗体上要显示扑克牌的地方都是一个个图像框（可以重叠）。要显示哪张扑克牌只需在相应的图像框中用上面的赋值语句就行了。不过要真正实现游戏功能，关键还在于算法！

三、工具栏按钮

【实例 7－7】 在工具栏中加入图标按钮

操 作 步 骤

①类似图像列表，在工具栏上右击，在打开的快捷菜单中选择“属性”，显示工具栏的“属性页”对话框，如图 7－16 所示。

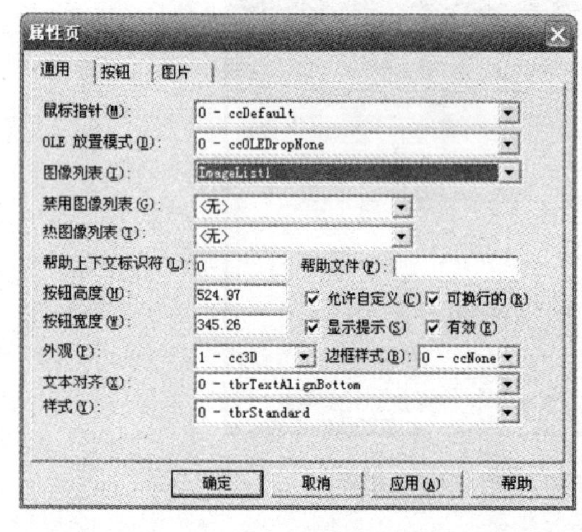

(a)“通用”选项卡

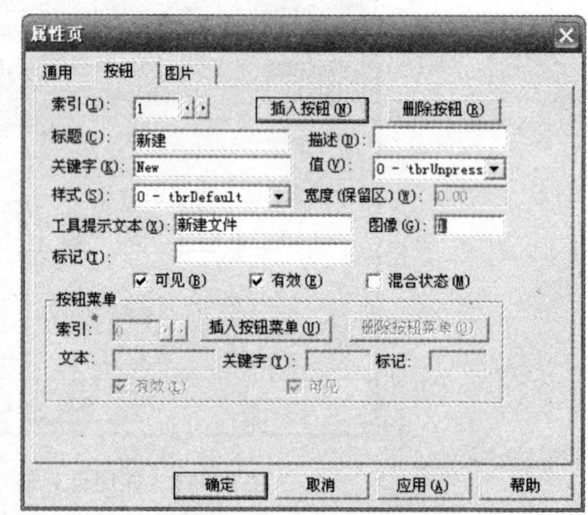

(b)“按钮”选项卡

图 7－16 工具栏的属性页

②在“通用”选项卡（图 7－16a）中选择“图像列表”为 ImageList1。

③在“按钮”选项卡中单击“插入按钮”，第一个按钮索引为 1，然后设置按钮属性：

- Index（索引） 用于选择要设置的按钮。
- Caption（标题） 显示在按钮上的文字。
- Key（关键字） 程序中使用的标识。
- Value（值） 按钮状态，0—弹起，1—按下。

● Style(样式)　按钮的样式。可以在下拉框(见图7-17)中选择：

0—tbrDefault　默认值,即命令按钮。

1—tbrCheck　复选按钮。

2—tbrButtonGroup　单选按钮,多个此类按钮自成"多选一"的组,所以最好连续排放。

3—tbrSeparator　分隔符,拉开按钮距离。

4—tbrPlaceholder　占位按钮,仅占位。

5—tbrDropDown　下拉式按钮。

```
0 - tbrDefault
1 - tbrCheck
2 - tbrButtonGroup
3 - tbrSeparator
4 - tbrPlaceholder
5 - tbrDropdown
```

图7-17　按钮样式列表

对下拉式按钮,可以在下面"插入菜单"框架中逐个加入菜单项。

● ToolTipText(工具提示文本)　鼠标指向时显示的提示文本。

● Image(图像)　按钮上的图像在图像列表控件(本例为ImageList1)中的序号(索引)。

● Tag(标记)　绝大多数控件都有这个属性,可在此留个记号,在程序中可对控件按记号分别进行处理。

④不要的按钮可以单击"删除"按钮删除。如果要移动按钮位置,可以先删除,再插入到新的位置。

⑤完成以上操作,单击"确定"按钮,将显示所需的工具栏。图7-14显示的是"我的写字板"的工具栏。

四、工具栏代码设计

【实例7-8】　给"我的写字板"工具栏各个按钮加入代码。

思路:工具栏是一个控件,其中的按钮是一个数组,单击任何一个按钮都会发生工具栏的ButtonClick事件过程。在设计窗口中双击工具栏,就会转到代码窗口,并自动产生这个事件过程的框架。

这个过程有一个参数,即Button(按钮)对象。程序运行时,这个Button对象就是被单击的按钮。在这个事件过程中只需要一个Select Case结构语句,用Button的关键字(Key属性)来判断被单击的按钮是哪一个。用关键字属性的好处是使程序比较容易阅读和维护。每个按钮对应一个菜单命令,调用相应的菜单项Click事件过程即可,因此与使用菜单命令有同样的效果。

过程代码如下：

```
Private Sub Toolbar1_ButtonClick (ByVal Button As MSComctlLib.Button)
  Select Case Button.Key
    Case "New"                        '新建文件
      MakeFile_Click
    Case "Open"                       '打开文件
      FileOpen_Click
    Case "Save"                       '保存文件
      FileSave_Click
```

```
    Case "SaveAs"                '文件另存为
      FileSaveAs_Click
    Case "Exit"                  '退出
      End
    Case "Font"                  '字体
      FormatFont_Click
  End Select
End Sub
```

上机实训 7

【上机目的】

(1)学习公共对话框及其应用。

(2)学习菜单栏和工具栏的设计。

【上机题】

(1)在一个窗体中加入如下菜单:

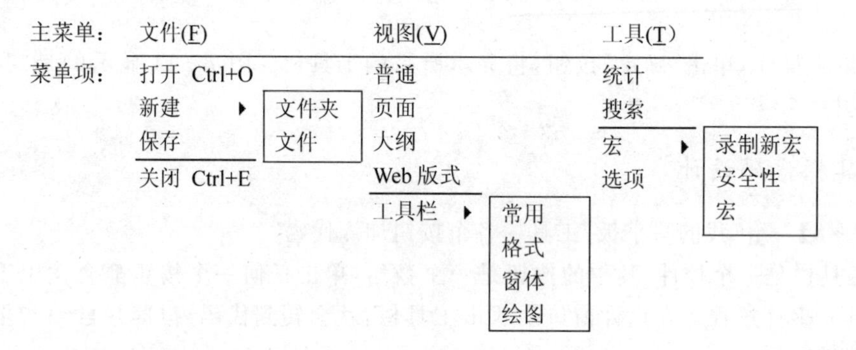

(2)在菜单栏下面加入一个工具条(ToolBar),在窗体中加入一个 ImageList 控件。在 ImageList 控件中加入 6 个图标(可以在"Microsoft Visual Studio\Common\Graphics\Icons"目录中找到图标文件),然后在工具条中加入 6 个按钮。按钮图标从 ImageList 控件中来。控件图标可参照图 7-18 选择。

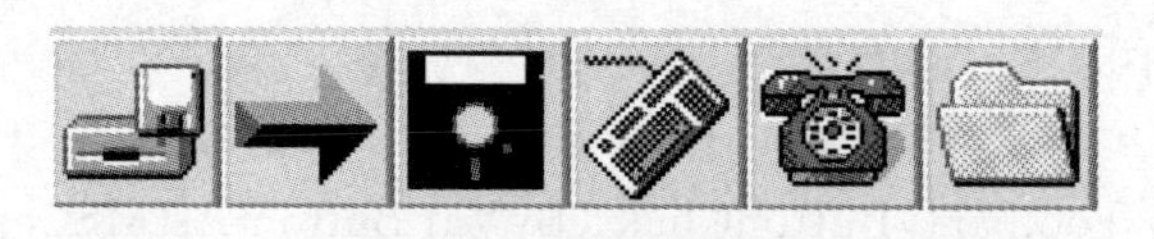

图 7-18　控件图标

第八章　绘图方法与图形控件

图片和动画使程序更加丰富多彩，引人入胜。VB 提供两种手段来显示和绘制图片，制作动画或编写绘图软件。一是使用控件，二是使用绘图方法。这两种手段有本质的区别，不可混淆。控件是实体，可以用程序改变大小、颜色、位置、形状等；绘图方法是在“图板”上留下痕迹，只能擦掉重画或覆盖。以前提到的图片框控件（PictureBox）和图像框控件（ImageBox）主要用于显示图片图像。图片框控件也可用于在其中绘图。本章要讲的另外两个控件是 Shape（形状）控件和 Line（直线）控件。在窗体或图片控件中的绘图方法有：画点（Pset）、画线（Line，也能画矩形）、画圆（Circle，也能画椭圆、扇形、圆弧等）。Print 方法也是一种绘图方法，不过“画”的是文字。

第一节　绘 图 方 法

绘图有两个问题：一是在哪里绘图？这是绘图的对象问题，即绘图方法是哪些对象的方法；二是绘图需要有一个坐标系，要规定原点、x 轴、y 轴方向和度量单位，用什么坐标系？

对象问题很简单：窗体和图片框，也可以是打印机，但很少用；坐标系问题比较复杂，需要详细介绍。

一、坐标系

窗体和图片框原来有一个默认的坐标系，原点在左上角（对窗体是工作区的左上角），x 轴向右，y 轴向下，单位是 Twip（音译“缇”，意译“微点”），1 缇只有 1/1440 英寸，即 1/20 磅（Point）。

窗体和图片框有一些与坐标系有关的属性（见图 8-1）：

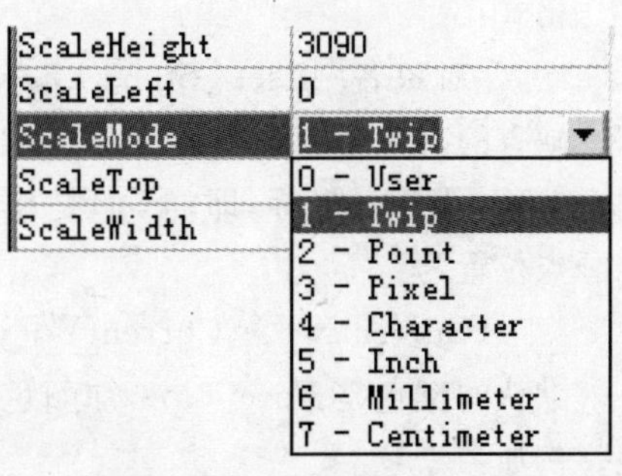

图 8-1　与绘图有关的属性

- ScaleMode　度量单位。

  0—User，用户自定义。

  1—Twip，缇，1/1440 英寸。

  2—Point，磅，1/72 英寸。

  3—Pixel，像素，与屏幕分辨率有关。

  4—Character，字符（与对象的 FontSize 属性有关）。

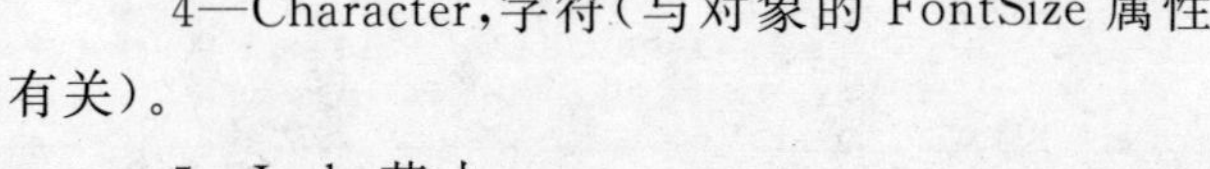

  5—Inch，英寸。

6—Millimeter，毫米。

7—Centimeter，厘米。

- ScaleLeft，ScaleTop　工作区左上角的 x 坐标和 y 坐标。
- ScaleWidth，ScaleHeight　工作区的宽度和高度，带符号。

窗体默认的坐标系原点在左上角，y 轴向下，度量单位又那么小，不太符合我们的习惯。所以最好用自己定义的坐标系，例如把原点放在中心位置，x 轴向右，y 轴向上。度量单位也自己定义，譬如 x 轴从 -8 到 8，y 轴从 -5 到 5。完成这个复杂任务只需用一条 Scale 语句，格式为：

Scale($x1$，$y1$)－($x2$，$y2$)

其中，($x1$，$y1$)是新坐标系中左上角的坐标，($x2$，$y2$)是新坐标系中右下角的坐标。例如，按上面要求，语句为：

Scale (－8，5)－(8，－5)

这条语句的效果，相当于以下 4 条赋值语句：

```
ScaleLeft=-8          '=x1
ScaleTop=5            '=y1
ScaleWidth=16         '=x2-x1
ScaleHeight=-10       '=y2-y1
```

因为 y 轴反向，所以 ScaleHeight 属性取负值。

还有一些与绘图有关的属性：

- CurrentX、CurrentY　当前坐标，即“画笔”的当前位置。
- AutoRedraw　自动重画，这个属性以后还有妙用。
- DrawWidth　线条宽度。
- DrawStyle　线条虚实样式。
- FillColor、FillStyle　画封闭图形时的填充色和填充样式。
- DrawMode　这个高级属性比较难用。它涉及绘出的两个图形相交时重叠部分怎么处理。

二、Pset 方法——画点

在指定坐标位置画一点用 Pset 方法。

格式：

[对象名.]Pset [Step] (x，y) [，颜色]

缺省的对象是当前窗体。Step 表示使用相对坐标。如果不加 Step，用绝对坐标(x，y)；加上 Step，用相对坐标，即(x，y)是相对于当前坐标(CurrentX，CurrentY)移动的距离。实际画点位置为：

(CurrentX＋x、CurrentY＋y)

默认的颜色是 ForeColor，加颜色参数时使用语句中规定的颜色，不影响 ForeColor 属性。例如：

Pset (300，500)，vbRed

意为在窗体的(300，500)处画一红点，当前坐标变为(300，500)。点的大小由 Draw-

Width 属性决定。如要改变,可在 Pset 语句前加赋值语句,例如:

DrawWidth=3

三、Line 方法——画直线

两点决定一直线,所以画直线的方法需要两点的坐标。

格式:

Line [Step] [($x1$,$y1$)]-[Step] ($x2$,$y2$) [,颜色] [,B[F]]

其中:

- Step 表示使用相对坐标(相对于当前位置,如上述)。
- ($x1$,$y1$)为起点坐标,默认值为当前坐标(CurrentX,CurrentY),短划线不能省。
- ($x2$,$y2$)为终点坐标,不能省。
- 默认的颜色是 ForeColor,加颜色参数时使用语句中规定的颜色,不影响 ForeColor 属性。
- 可选项"B"(意为 Block)指画一个以两点为对角线的矩形,如果再选择"F"(意为 Fill),则以指定的颜色填充。

画线后,画笔到了直线终点位置,当前坐标(CurrentX,CurrentY)自动改变。例如:

Line (0,0)-(100,50),vbBlue

意为从原点(0,0)到(100,50)画出一条蓝线,当前坐标变为(100,50)。

【实例 8-1】 单击窗体时,在窗体中部画一条红色正弦曲线,同时画出黑色坐标轴。

$y=2\sin x \quad (x=-2\pi\sim 2\pi)$

思路:(1)x 的变化范围为$-2\pi\sim 2\pi$,y 的变化范围为$-2\sim 2$,所以定义坐标系为:原点在中心,x 轴向右,y 轴向上,工作区宽 16,高 6。自定义坐标系语句为:

Scale (-8,3)-(8,-3)

(2)画坐标轴用 Line 方法。顺便在坐标轴终点打印坐标轴标记"x"和"y"。为什么说"顺便"?因为 Print 语句就是在当前位置打印文字,画完 x 轴,当前位置在 x 轴终点,Print 语句就正好在 x 轴终点位置打印。画完 y 轴,当前位置在 y 轴终点,Print 语句就正好在 y 轴终点位置打印。

(3)要画曲线只能一点一点地画,只要足够密,就是一条连续的曲线。例如,x 从-2π 到 2π,每增加 $\pi/1000$,就在(x,$2\sin x$)处画一个红点,这 4 000 个点就连成一条红色的正弦曲线。用 For…Next 循环结构语句很容易实现。

①代码如下:

```
Const Pi=3.1415926                        '定义常量π
'单击窗体时画出坐标轴和 Sin 曲线
Private Sub Form_Click ()
Dim x As Double
'定义坐标系
    Scale (-8,3)-(8,-3)
    Line (-7,0)-(7,0)                     '画 x 轴
    Print "X"
    Line (0,-2.5)-(0,2.5)                 '画 y 轴
```

```
    Print " Y"
    Pset (0,0)                              '画笔到原点
    Print "(0,0)"                           '打印原点标记
'画正弦曲线
    For x=-2 * Pi To 2 * Pi Step Pi / 1000
        Pset (x,2 * Sin (x)),vbRed
    Next x
End Sub
```

②运行程序，画出的曲线如图 8-2。

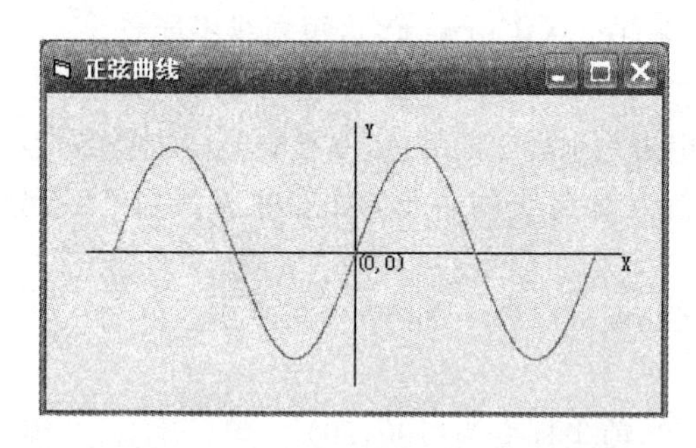

图 8-2　由 4 000 个点连成的正弦曲线

显然，如果把 Sin 函数换成其他函数，就能画相应的函数曲线。

如果函数用的是极坐标(用弧度 θ 和半径 r)，只要求出每一点的笛卡尔坐标(x,y)，也同样能画。例如“玫瑰线”函数：

$r=\mathrm{Sin}(n\cdot\theta)$ ($0<\theta<2\pi$，n 单数时为玫瑰线的叶数，双数时叶数加倍)

每一点的笛卡尔坐标：

$x=r\mathrm{Cos}\theta=\mathrm{Sin}(n*\theta)\mathrm{Cos}\theta$

$y=r\mathrm{Sin}\theta=\mathrm{Sin}(n*\theta)\mathrm{Sin}\theta$

在程序中只要用下列循环结构语句：

```
For t=0 To 2 * Pi Step Pi / 1000
    x=Sin (5 * t) * Cos (t)
    y=Sin (5 * t) * Sin (t)
    Pset (x,y),vbRed
Next t
```

就能画出五叶红色玫瑰线来，如图 8-3 所示。

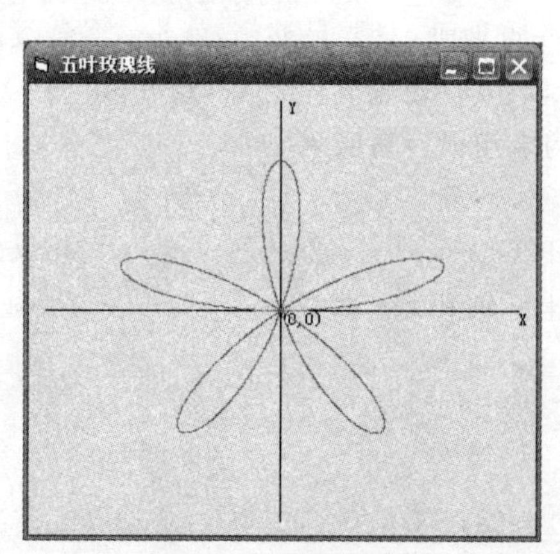

图 8-3　五叶玫瑰线

四、Circle 方法——画圆

Circle 方法不仅能画圆，也能画椭圆、扇形、圆弧等。格式：

[对象名.]Circle [Step](*x*,*y*),*r* [,＜颜色＞,＜起点＞,＜终点＞,＜比例＞]

说明：

(1)(*x*,*y*)为圆心坐标。加 Step 为相对坐标，不加为绝对坐标。*r* 为半径。

(2)起点、终点用于画圆弧（单位为弧度）。起点或终点为负时，画出与圆心连线，度数不变。

(3)比例用于画椭圆(高/宽)。

例如：

```
Picture1. Circle (0,0),100,vbBlue,,,0.5
Picture1. Circle (0,0),100,vbRed,-Pi/3 ,-2 * Pi/3          '假定已定义常量
                                                              Pi=3.14159
```

第一条语句在图片框中画一个蓝色椭圆，圆心在原点，半径 100，高度为宽度的 1/2。

第二条语句在图片框中画一个红色扇形（60°～120°），圆心在原点，半径 100，如图 8-4 所示。

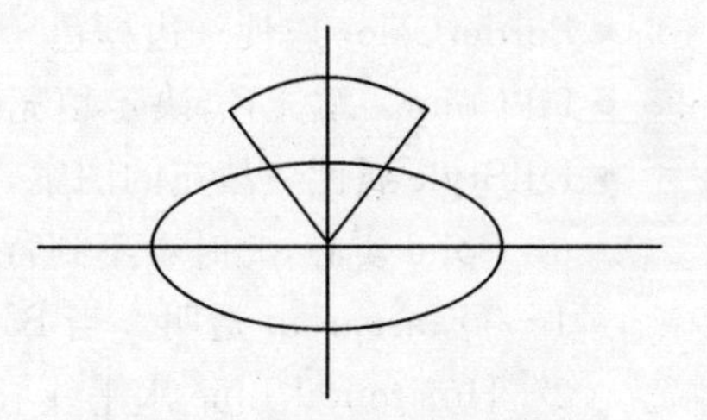

图 8-4　画出的椭圆和扇形

五、Cls 方法和 AutoRedraw 属性

Cls(擦除)方法用于擦除用画图方法画出的图形和用 Print 语句打印的信息：

格式：

＜对象名＞. Cls

例如：

```
me. Cls
Picture1. Cls
```

前面曾经讲过 AutoRedraw 属性还有妙用，妙用何在？原来，AutoRedraw 属性和 Cls 方法配合可以控制擦除部分图形而留下需要的图形不擦除。

记住下面这句话：

AutoRedraw 为 False 时，Cls 方法不能擦除在 AutoRedraw 为 True 时所画的图形和文字。

例如，希望每次画新图前先擦除原来图形，但要保留坐标轴，以免重画，可以用以下办法：

(1)在画坐标轴前先将 AutoRedraw 属性设为 True。

(2)在画其他图形前先将 AutoRedraw 属性设为 False，然后用 Cls 方法。结果坐标轴保留，其他图形被擦除。

(3)如果要擦除全部图形，只要先将 AutoRedraw 属性设为 True，再使用 Cls 方法。

第二节　图 形 控 件

图形控件包括 Shape(形状)控件和 Line(直线)控件。

一、Shape 控件

形状控件用于在窗体中放置一个平面图形。它的主要属性有：

- Shape 属性　决定 6 种形状之一，取值：

  0－Rectangle 矩形　　2－Oval 椭圆形　　4－Rounded Rectangle 圆角矩形

  1－Square 方形　　3－Circle 圆形　　5－Rounded Square 圆角方形

- BackColor 属性：背景色
- BackStyle 属性：0－透明，1－不透明。透明时 BackColor 不起作用。
- BorderStyle 属性：边框线型：

  0－Transparent 透明　　2－Dash 短划线　　4－Dash-Dot 点划线

  1－Solid 实线　　3－Dot 点线　　5－Dash-Dot-Dot 两点一划线

  6－Inside Solid 内实线，边框比 Solid 情况下缩进线条宽度（＝1）

- BorderWidth 属性　边框宽度。如宽度大于 1，则边界只能是实线。
- BorderColor 属性　边框色
- FillColor　填充色，决定填充图案的线条颜色。背景颜色由 BackColor 设定。
- FillStyle 属性　填充的图案，取值：

  0－Solid 实心，此时看不到背景颜色

  1－Transparent 透明。当 BackStyle 也透明时才真正透明。

  2－Horizontal Line 水平线　　3－Virtical Line 垂直线

  4－Upward Diagonal 向上对角线　　5－Downward Diagonal 向下对角线

  6－Cross 十字线　　7－Diagonal Cross 斜十字线

这些属性设定背景、边框和填充的效果。记住背景在底层，填充层在上层。背景透明时背景色不起作用；填充透明时填充色也不起作用，透过填充层看到的是背景层。填充图案时，填充色是线条颜色，背景色是底色。

Shape 控件可以用 Move 方法来移动，用 Zorder（Z 轴次序）方法改变控件在该窗体同类控件中的层次，最前面为 0.。

Shape 控件没有事件。

【实例 8－2】 在窗体中画一个鸡蛋。这是一只"种蛋"。只要在窗体任何地方单击，就会在那里"生"出一个同样的蛋。单击"吃掉 1 个"按钮，最后"生"下的蛋就会消失。

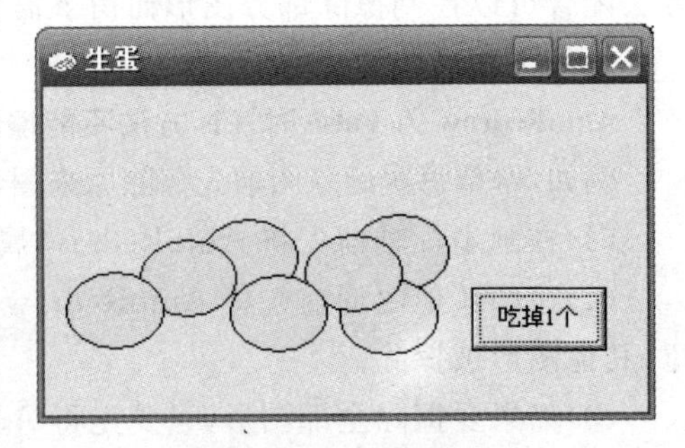

图 8－5　"生蛋"程序

思路：鸡蛋是一个椭圆形 Shape 控件，要生成和去掉一个同样的控件就要使用控件数组，然后用 Load 和 UnLoad 方法来实现。单击窗体时要记录单击位置，不能用没有参数的 Click 事件，而要使用 MouseDown 事件。因此在设计阶段，加入一个 Shape 控件后，要修改其下列属性：

Shape＝2（椭圆），FillStyle＝0（实心），FillColor（选淡黄色），Index＝0（数组第一个元素）。

过程代码如下：

```
Dim n As Integer                          '模块级变量,产下的鸡蛋数
'生蛋
Private Sub Form_MouseDown (Button As Integer, Shift As Integer, X As Sin_
gle, Y As Single)
  n=n+1
  Load Shape1 (n)                         '生下一个
  Shape1 (n).Visible=True
  Shape1 (n).Zorder 0                     '放到最前面
  Shape1 (n).Move X, Y                    '移动到鼠标单击处
End Sub
'"吃掉1个"按钮
Private Sub Command1_Click ()
  If n>0 Then
    Unload Shape1 (n)                     '吃掉一个
    n=n-1
  Else
    MsgBox "只剩下一个种蛋,不能再吃了!"
  End If
End Sub
```

二、Line(直线)控件

Line 控件属性很少，主要属性为：

- *x*1，*y*1　起点坐标。
- *x*2，*y*2　终点坐标。
- BorderWidth　线条宽度。
- BorderStyle　线条虚实样式。

  如果 BorderWidth>1，则 BorderStyle 不起作用，只能是实线。
- BorderColor　线条颜色。

Line 控件没有 Left 和 Top 属性，也没有 Move 方法，在运行时想改变直线的位置，只能是改变其端点的坐标。

【实例 8－3】　设计一个小钟：有时针、分针和秒针，并与系统时针同步运行。

思路：(1)时钟 3 根指针用 3 个直线控件，起点都在中心位置，终点位置根据系统时间计算。

(2)为了使指针动起来，需要一个定时器，定时间隔 1 秒(Interval＝1000)或更少(取 100，即 0.1 秒，使指针连续走动，不跳动)。

图 8－6　时钟程序

(3)为便于计算要自定义一个坐标系,把原点放在中心位置。

(4)钟面、中心圆点和四周小圆点可以用 Shape 控件生成。如果要精确定位,最好用控件数组,自动生成并用 Move 方法移动到位。要用表达式计算每一点的坐标。

(5)用常量定义 3 根指针的长度。

(6)标题栏可以当做一个数字钟。

程序代码如下:

```
'定义常量
Const Pi=3.1415926
Const n1=35,n2=50,n3=60                 '3 根指针长度
'窗体加载时
Private Sub Form_Load ()
  Width=ScaleHeight                     '定义坐标系前调整窗体宽度,使工
                                         作区呈方形(高度含标题栏)
  Scale (-100,100)-(100,-100)           '定义坐标系
  '3 根指针都指向 12 点,并调整指针长度
  With LnHour                           '时针
    .X1=0
    .Y1=0
    .X2=0
    .Y2=n1                              '时针长度
  End With
  With LnMinute                         '分针
    .X1=0
    .Y1=0
    .X2=0
    .Y2=n2                              '分针长度
  End With
  With LnSecond                         '秒针
    .X1=0
    .Y1=0
    .X2=0
    .Y2=n3                              '秒针长度
  End With
End Sub
'定时器 Timer 事件过程
Private Sub Timer1_Timer ()
    Dim s!,m!,h!                        '时、分、秒,用 Single 类型更精确
    Dim t!,t0!                          '系统时间
    t=Time                              '取系统时间
```

```
    t0=Timer                        'Timer 函数中秒数含小数,精确到 1/100 秒
    Me.Caption="现在是" & Format (t,"Medium Time")   '按我国习惯在标
                                                     题栏显示时间
    '改变秒针终点坐标
    s=Second (t)+t0-Int (t0)            '含小数点
    LnSecond.X2=n3 * Sin (s * Pi / 30)
    LnSecond.Y2=n3 * Cos (s * Pi / 30)
    '改变分针终点坐标
    m=Minute (t)+s / 60                 '精确到 1/100 秒
    LnMinute.X2=n2 * Sin (m * Pi / 30)
    LnMinute.Y2=n2 * Cos (m * Pi / 30)
    '改变时针终点坐标
    h=Hour (t)+m / 60                   '也精确到 1/100 秒
    LnHour.X2=n1 * Sin (h * Pi / 6)
    LnHour.Y2=n1 * Cos (h * Pi / 6)
End Sub
```

上机实训 8

【上机目的】

(1)掌握坐标系的概念和自定义坐标系的方法。

(2)掌握绘图方法以及与绘图有关的窗体和图片框的属性。

(3)学习图形控件和直线控件的功能和应用。

【上机题】

(1)编写绘图程序,界面如图 8-7 所示。

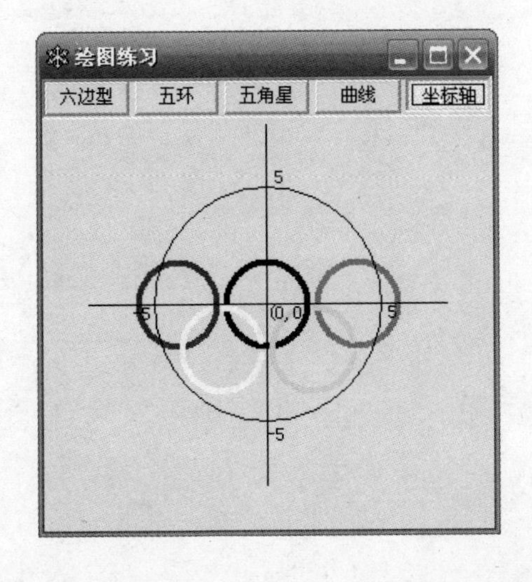

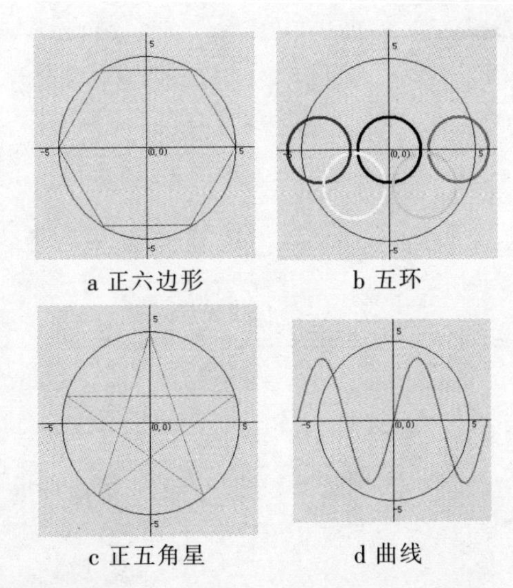

图 8-7 绘图练习程序

要求:

①当窗体加载时,定义窗体的坐标系,左上角坐标为(—10,10),右下角坐标为(10,—10)。

②单击“六边形”“五环”“五角星”和“曲线”按钮时,分别画出相应图形。

③单击“坐标轴”复选按钮,显示/隐藏坐标轴和外接圆。

提示:

①五角星和六边形的顶点在外接圆上,连接各顶点即可。

②五环由五个半径均为 1.8 的圆组成,左右两环的圆心距均为 2。

③曲线由连续画出的点组成,所用函数可以自选,图中用的是正弦函数。

④单击“坐标轴”复选按钮时,要先将窗体的 AutoRedraw 属性设为 False,然后判断该按钮的 Value 属性,若为 0,则清除(用 Cls 方法),否则画坐标轴和外接圆。最后再将窗体的 AutoRedraw 属性设为 True。

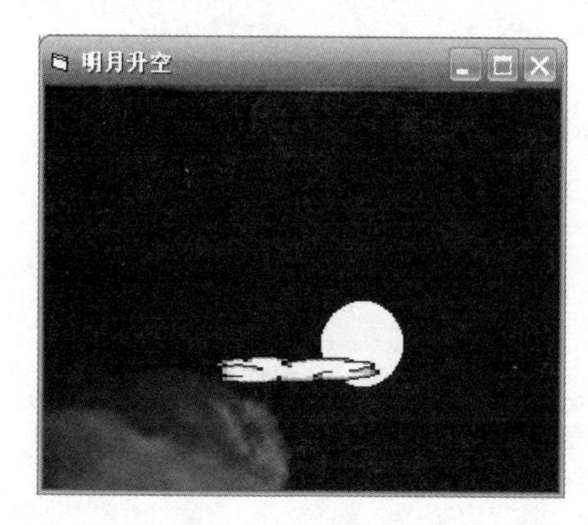

图 8-8　明月升空

(2)编写一个动画程序,运行时如图 8-8 所示。运行时月亮慢慢往左上角移动,云朵慢慢往右移动。单击窗体可以暂停或继续移动。

提示:

①设置窗体的 Picture 属性如晚上的天空。

②月亮用一个 Shape 控件,设置其属性。

③云朵用一个 Image 控件,加载一个云朵图像文件(例如 CLOUD. ICO),置 Stretch 属性为 True。

④需要一个定时器控件,设置 Interval 属性,并在其 Timer 事件中编写程序。

⑤在窗体的 Click 事件过程中加入语句,改变定时器的 Enable 属性。

第九章　文件处理

文件系统涉及存储信息的组织问题。磁盘、目录和文件的结构和有关操作看上去十分复杂,但也不必担心,因为 VB 的文件系统控件和有关语句为用户提供了解决问题的强有力的手段。

第一节　文件系统控件

工具箱中有 3 个控件,可分别用于选择文件系统的 3 级操作对象——磁盘、目录和文件:

- DriveListBox　驱动器列表框。
- DirListBox　目录列表框。
- FileListBox　文件列表框。

将它们加入窗体,其他什么也不做,3 个列表框中都已经有了很多列表项,如图 9-1 所示。

图 9-1　文件系统控件

- "驱动器列表框"中列出系统所有驱动器,包括硬盘、光盘、软盘、U 盘等,并显示当前驱动器(图 9-1 中为 C 驱动器)。
- "目录列表框"中列出当前驱动器下的当前目录,图 9-1 中为 VB98。
- "文件列表框"中列出当前目录下的所有文件。

在不设置以上 3 个控件的属性、方法和事件时,则程序运行后在"驱动器列表框"中选择驱动器，在“目录列表框”中选择目录，在“文件列表框”中的显示等，相互间没有任何关联。

一、3 个控件的主要属性

对 DriveListBox，只要记住它的 Drive（驱动器名）属性，类型为 String。

对 DirListBox，只要记住它的 Path（选中的目录路径）属性，类型为 String。

对 FileListBox，需要记住的主要属性有 3 个：

- Path　所属的目录。
- Filename　最后选中的文件名。
- Pattern　样式（类似于“打开”对话框中的过滤器 Filter 属性），决定列出目录中哪些文件。

另外，既然这 3 个控件都是列表框，所以都有类似 Listbox 的属性如，List、Listcount 等。对文件列表框还有 MultiSelect 和 Selected 属性，用于需要多选的情况。

Pattern 属性是一个字符串，作用类似于“打开”对话框中的过滤器 Filter 属性，但比较简单。只列出多项通配符，用分号（;）隔开，例如“*.bmp; *.jpg; *.wmf; *.ico; *.gif; *.tif”表示文件列表框中只显示列出的各种图片文件，又如“*.*”表示列出所有文件。

二、3 种列表框的同步

所谓同步是指选择驱动器时，目录列表跟着改变；选择目录时文件列表跟着改变。为此只要在上级列表框的 Change 事件过程中改变下级列表框的相应属性。下面的 Drive1、Dir1 和 File1 是 3 个列表框的对象名：

```
'选择驱动器时，“目录列表框”跟着改变
Private Sub Drive1_Change ()
  Dir1.Path=Drive1.Drive                    '显示 Drive1.Drive 的当前目录
End Sub
'选择目录时，“文件列表框”跟着改变
Private Sub Dir1_Change ()
  File1.Path=Dir1.Path
End Sub
```

不过，即使同步，也不会自动改变当前驱动器和当前目录。

第二节　常用的文件处理语句

要真正使用文件系统的这些控件，还需要了解下列常用处理语句：

- ChDrive <驱动器名>　'改变当前驱动器，读作 Change Drive。
- ChDir <路径>　'改变当前目录（路径），读作 Change Directory。
- MkDir <路径>　'创建新目录，读作 Make Directory。
- RmDir <路径>　'删除目录，读作 Remove Directory。
- Kill <文件名>　'删除文件，读作 Kill File。
- SetAttr <文件名>,<属性>　'设置文件属性（系统、只读、隐藏和存档），读作 Set

Attribute。

- FileCopy <源文件><目的> '拷贝文件。
- Name <原文件名>As <新文件名> '更名，Name 应理解为 Rename。

说明

①任何时候，只有一个当前驱动器。当路径中没有指定驱动器时就用当前驱动器，所以当前驱动器也就是“默认”的驱动器。

②每个驱动器都有一个当前目录。

③当路径中没有从根目录开始时就指从当前目录开始。例如，若D驱动器的当前目录为“\MyFile\Books”，则文件“D:2009\VB6.doc”的完整路径名就是“D:\MyFile\Books\2009\VB6.doc”。如果当前驱动器为D，而D驱动器的当前目录为“\MyFile\Books\2009”，则只要用文件名就行了。当驱动器改变时，下面的赋值语句

```
Dir1.Path=Drive1.Drive
```

将显示由Drive1.Drive指定的驱动器的当前目录。

④当“ChDir <路径>”语句中包含驱动器名时，将改变指定驱动器的当前目录，否则改变当前驱动器的当前目录。例如，“ChDir D:\Math”，则驱动器D的当前目录变为“\Math”。

应用程序常常把自己要用到的文件和程序的执行文件(.exe 文件)放在同一个目录下，程序运行时这个目录路径可从 App.Path 得到。App 是应用程序对象的名称，Path 是它的一个属性。为了方便存取要用到的文件，可以用语句

```
ChDir App.Path
```

将这个目录设为当前目录。

“Name <原文件名>As <新文件名>”语句还能移动文件。因为<原文件名>和<新文件名>都可以包含文件路径，如果不在一个目录下，文件就被移动，并可同时更名。

【实例 9-1】 光盘上的文件拷贝到硬盘后都是只读文件，编程使硬盘上指定目录下的所有文件都去掉只读属性。

图 9-2 修改文件的只读属性

要求：为了使程序更加灵活，要求可以选择文件目录、文件类型、部分文件，可以选择改为只读或还原为正常。

思路：界面设计如图 9-2 所示。界面中除了3个列表框(Drive1、Dir1、File1)和一些标签外，增加了一个组合框(Combo1)、一个“设置属性”按钮(CmdSetAttr)、两个复选框 Check1(“只读”)和 Check2(“所有文件”)。组合框 Combo1 用于选择文件类型。

程序代码如下：

```
'窗体加载时，在“文件类型：”下拉框中加入 3 项 Pattern 属性选择项
Private Sub Form_Load ()
```

```
    Combo1. AddItem "*.*"
    Combo1. AddItem "*.txt; *.doc; *.rtf"
    Combo1. AddItem "*.bmp; *.jpg; *.wmf; *.ico; *.gif "
    Combo1. ListIndex=0                    '显示第一项
End Sub
'目录列表框与驱动器列表框同步
Private Sub Drive1_Change ()
    Dir1. Path=Drive1. Drive
'所选驱动器成为当前驱动器
    ChDrive Drive1. Drive
End Sub
'文件列表框与目录列表框同步
Private Sub Dir1_Change ()
    File1. Path=Dir1. Path
    ChDir Dir1. Path                       '所选目录成为当前目录
End Sub
'"设置属性"按钮
Private Sub CmdSetAttr_Click ()
    If Check2 Then                         '如果选择了"所有文件"
     For i=0 To File1. ListCount - 1
'设置文件属性,已选择"只读"复选框时设为 vbReadOnly,否则设为 vbNormal
        SetAttr File1. List (i),IIf (Check1. Value,vbReadOnly,vbNormal)
     Next i
    Else                                   '如果没有选择"所有文件"
        For i=0 To File1. ListCount - 1
            If File1. Selected (i)Then    '只对文件列表框中选中的文件改变属性
                SetAttr File1. List (i),IIf (Check1. Value=0,vbNormal,vbRea_
                dOnly)
            End If
        Next i
    End If
End Sub
'单击某个下拉框时选中文件列表框的 Pattern 属性
Private Sub Combo1_Click ()
    File1. Pattern=Combo1. Text
End Sub
```

提示:要检查文件属性,可以在 Windows 的"资源管理器"中选择详细信息,然后在"查看"菜单下选择"选择详细信息",再在打开的对话框中选择"属性"项。

【实例 9-2】 在指定文件夹中为班级建立一个班级目录,目录名用班级名。再在班级目录下为每个学生建立一个子目录，子目录名从01开始到学生人数。界面设计如图9-3所示。

代码如下：

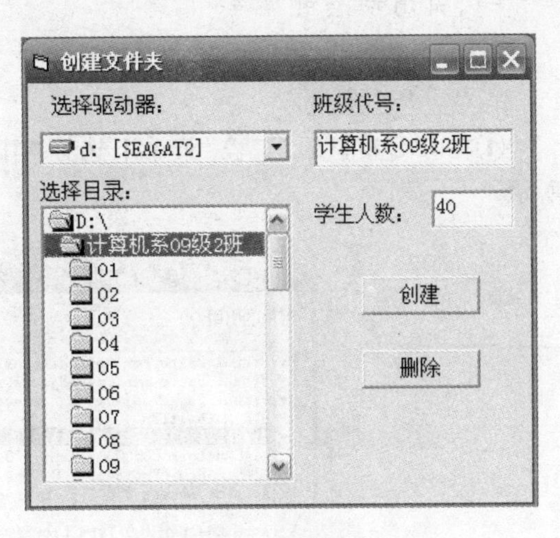

图9-3　创建批量文件夹

```
'目录列表框与驱动器列表框同步
Private Sub Drive1_Change ()
    Dir1.Path=Drive1.Drive
'所选驱动器成为当前驱动器
    ChDrive Drive1.Drive
End Sub
'所选目录成为当前目录
Private Sub Dir1_Change ()
    ChDir Dir1.Path
End Sub
'"创建"按钮
Private Sub Command1_Click ()
    Dim i As Integer,n As Integer
    Dim c As String
    c=txtClass.Text                    '取班级名
    n=txtNum.Text                      '取学生人数
    MkDir c                            '建立班级目录
    ChDir c                            '转到班级目录
    '创建每个学生目录
    For i=1 To n
        MkDir Format (i,"00")
    Next i
    Dir1.Refresh                       '刷新
End Sub
```

第三节　文件系统对象

文件系统的结构十分复杂，驱动器、文件夹和文件本身都是对象，有它们自己的属性、方法和事件。例如，驱动器有类型、总容量、可用容量等属性；目录由很多子目录和文件组成，子目录下面还会有子目录；目录也有目录名、父目录、路径、只读等属性，文件有路径、文件名、文件大小、文件类型等属性。使用上述3种控件可以解决一些简单的问题，但不能解决比较复杂的问题。例如，要改变一个目录下所有文件（包括其各级子目录下的文件）的属性，就得另辟蹊径了。

驱动器、文件夹、文件等当做对象看待，在哪里能找到？不在"部件仓库"中，而在Windows的"动态链接库"中。动态链接库比VB的"部件仓库"范围更大，属于Windows操作系统的"仓库"，库中文件的类型名为".dll"(Dynamic Link Library，即动态链接库)。要使用文件系统的这些对象，就要先“引用”它。怎么引用？

一、引用动态链接库

操作步骤

①在 IDE 窗口的“工程”菜单下选择“引用”菜单命令，打开“引用”对话框，如图 9 - 4 所示。

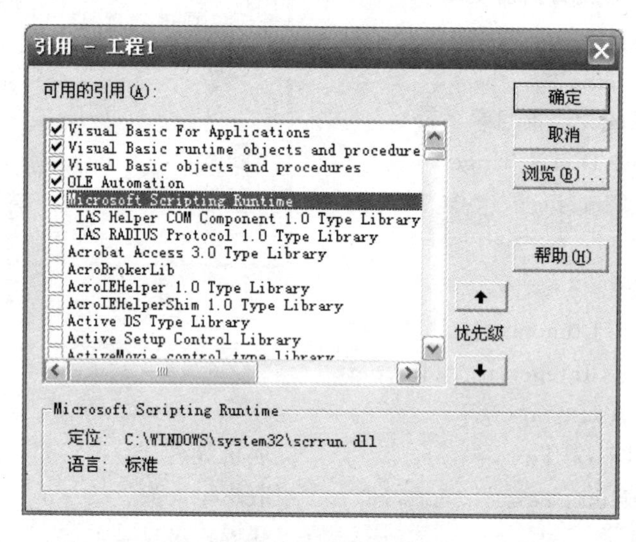

图 9 - 4 “引用”对话框

②选择“Microsoft Scripting Runtime”，单击“确定”按钮，关闭对话框。不像部件仓库中取出的 ActiveX 控件会出现在工具箱中，对话框关闭后，似乎没有什么变化。怎么办？不要紧，打开“对象浏览器”对话框，如图 9 - 5 所示，就可以发现增加了一个“Scripting”库。库

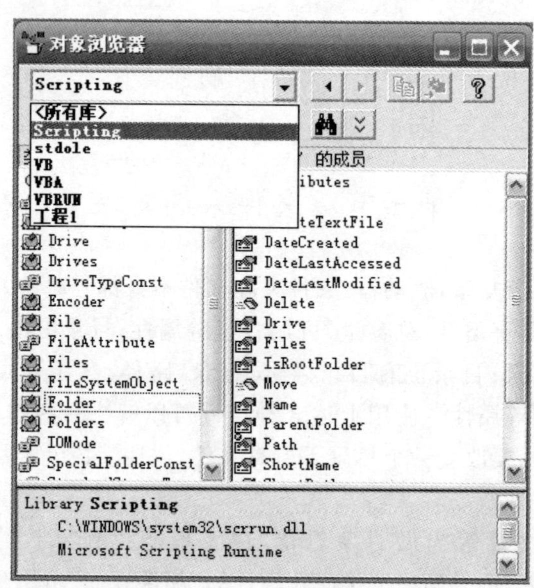

图 9 - 5 从“对象浏览器”中查看文件系统对象

中有我们需要的对象。这些对象既不在工具箱中，也无法在窗体中显示，所以也不能（实际上是不需要）在设计阶段对它们设置属性，那么只能在程序中引用了。

③严格说来，“引用”以后，我们还只有“类”的定义，而没有具体的“对象”——类的实现。就像控件还在工具箱中，没有加入到窗体中一样。所以，首先要在程序中创建一个“文件系统对象”。对象的类名为 FileSystemObject。创建这个对象的语句很简单：

Dim <对象名>As New FileSystemObject

例如：Dim fso As New FileSystemObject

当然，如果在所有模块中都要用它，就要在模块的声明部分用 Public 来声明。

二、文件系统中的对象和对象变量

有了这个对象，就能使用 Scripting 库中的各种对象了。为什么？先看这个对象有些什么属性和方法。在对象浏览器中，单击左边的 FileSystemObject，右边就会显示其属性和方法，如图 9－6 所示。

从图 9－6 中可以发现，其中全是方法（图标为 ），只有一个属性（图标为 ）。看这些方法的名称好像都很有用，以后要用到这些方法时到这里来查一查就可以了。属性虽然只有一个，但从它的名称“Drives”看，够了！因为它是文件系统所有驱动器的集合。集合中包含所有驱动器，如果继续追下去，就会发现驱动器（Drive）和驱动器集合（Drives）又出现在左边，不过图标变成对象（ ）了。凡集合都有 Item 和 Count 属性。前者是个数组（有下标Index），后者是元素个数。驱动器集合的每个元素都是一个驱动器对象 Drive。再往下，驱动器对象又有一个 RootFolder（根文件夹）属性，是一个 Folder（文件夹）对象，Folder 对象中又有 SubFolders属性和 Files 属性。SubFolders 是其所有子文件夹的集合，Files 属性是其所有文件的集合（不包括下级目录中的文件）。这样一来，文件系统对象很好地实现了文件系统的树形结构。

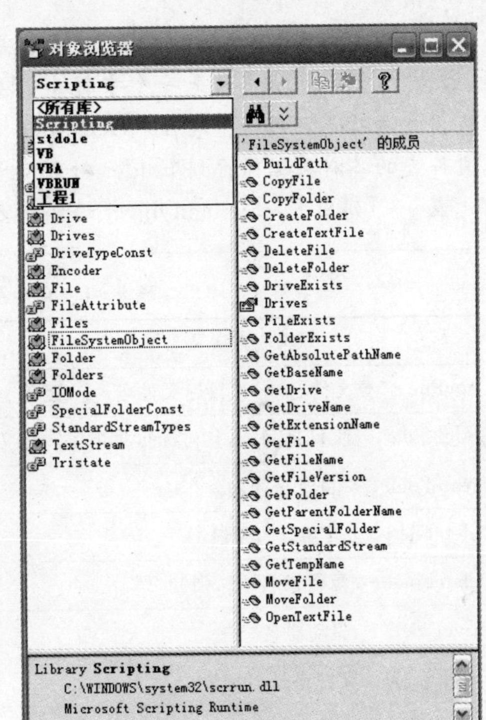

图 9－6　FileSystemObject 对象的属性和方法

Scripting 库中定义的对象和对象的集合主要有：

- Drive，Drives　驱动器、驱动器集合。
- Folder，Folders　文件夹、文件夹集合。
- File，Files　文件、文件集合。
- TextStream　文本流。

这些对象又有它们自己的属性和方法，不过都没有事件。

当然,关键还在于应用。怎样把这些对象用到具体的驱动器、文件夹和文件呢？这就要使用对象变量了。变量可以是对象类型,类型可以用某个已有定义的类名,例如 Drive, Drives, Folder, Folders, File, Files 等,也可以就用 Object,表示不管哪一类,反正是个对象,什么类型对象都可以接受,就像 Variant 类型的一般变量一样。对对象赋值与对一般变量赋值不一样,要使用 Set 语句。例如,一个 Folder 类型变量 fdr 要代表一个具体的文件夹"c:\Windows",就需要对它赋值：

```
Dim fld As Folder
Set fld=fso. Getfolder ("c:\Windows")
```

对文件也是如此。例如：

```
Dim fil As File
Set fil=fso. Getfile ("c:\config. sys")
```

注意

这里已经用到 FileSystemObject 的方法 Getfolder。不能用"c:\Windows"对变量 fld 赋值,因为"c:\Windows"只是一个字符串,类型不同,肯定出错！方法是对象内部的一个过程。用方法就是调用一个过程。Getfolder 方法接收参数"c:\Windows"以后,要将这个具体文件夹的各种数据保存到 Folder 对象变量 fld 所指的数据结构中去,以便后面的程序调用。表 9-1列出 FileSystemObject 的常用方法。

表 9-1　文件系统对象的常用方法

方法及参数	功能	函数类型
CopyFile <源文件名>,<目标文件名>[,覆盖]	复制文件	
CopyFolder <源目录名>,<目标目录名>[,覆盖]	复制文件夹	
CreateFolder <目录路径名>*	创建文件夹	Folder
DeleteFile <文件名>[,强制]	删除文件	
DeleteFolder<源目录名>[,强制]	删除文件夹	
DriveExists <驱动器名>*	检查驱动器是否存在	Boolean
FilerExists <文件路径名>*	检查文件是否存在	Boolean
FolderExists <目录路径名>*	检查文件夹是否存在	Boolean
GetBaseName <文件路径名>*	取文件基本名(去类型名)	String
GetDrive <驱动器名>*	取驱动器	Drive
GetExtensionName <路径名>*	取类型名	String
GetFile <文件路径名>*	取文件	File
MoveFile <源文件名>,<目标文件名>	移动文件	
MoveFolder <源目录名>,<目标目录名>	移动文件夹	
OpenTextFile<文件名>,<打开方式>[,新建] [,格式]*	打开文本文件	TextStream

注：* 表示该方法为函数,返回值类型见"函数类型"栏。

三、递归过程和算法

下面举例说明文件系统对象的强大功能，从中体会面向对象编程的优点。

【实例 9-3】 修改指定目录中所有文件（包括各级子目录下）的只读属性。

分析：这个问题看似简单，其实有点复杂。因为我们不知道指定目录下有哪些子目录，有几级子目录。解决这个问题需要用到两个新的概念：遍历算法和递归过程（或递归算法）。

顾名思义，遍历算法就是不能放过子目录中所有文件。例如，用如下算法：

（1）从指定目录开始，先处理该目录下所有文件，再处理每个子目录。

（2）如果没有子目录，或已处理完其中所有子目录，返回；否则，对每个子目录，把它当做指定目录进行处理。

（3）所谓"返回"是指返回到上级目录，处理另一个子目录。直至原来指定目录的所有子目录都处理完毕则完成。

图 9-7 给出了上述算法的处理次序。

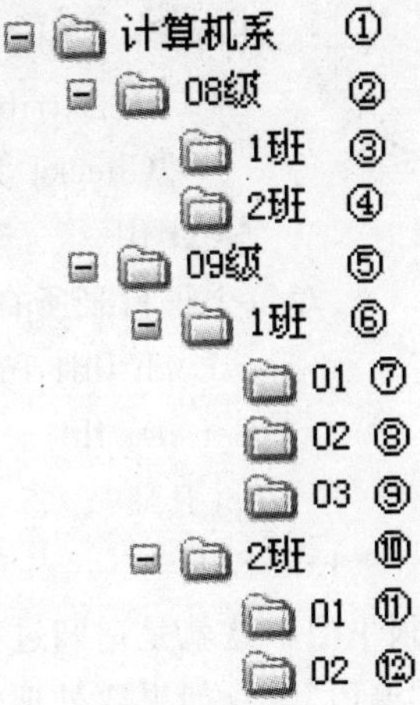

其中第二条"否则，对每个子目录，把它当做指定目录进行处理"这句话就要使用递归过程。什么叫递归过程？一句话：一个过程如果其中调用自己这个过程就叫递归过程。

递归过程有一个必要条件，就是不能无穷循环，即必须设置结束条件。下面这个过程调用自己，但没有结束条件，将导致无穷循环（或溢出错误），不能算是递归过程。

计算机系 ①
08级 ②
1班 ③
2班 ④
09级 ⑤
1班 ⑥
01 ⑦
02 ⑧
03 ⑨
2班 ⑩
01 ⑪
02 ⑫

图 9-7 遍历算法示意

```
Dim sum As Integer
Sub AddAll (i As Integer)
    sum=sum+i
    i=i+1
    AddAll i                    '调用过程自己，加下一个数
End Sub
```

但如果加上结束条件，则 AddAll 就是一个递归过程：

```
Dim sum As Integer
Sub AddAll(i As Integer)
    sum=sum+i
    If sum < 100 Then           '不到 100 再加
      i=i+1
      AddAll i
    End If
End Sub
```

调用这个过程，输出结果 105：

```
Private Sub Command1_Click()
    sum=0
    AddAll 1                    '从 1 开始加
```

```
    Print sum                                   '输出结果
End Sub
```

那么怎样用递归过程实现遍历算法,解决我们的问题呢?

操作步骤

①定义设置目录下所有文件属性的过程 SetAttr:

```
Sub SetAttr(fld As Folder)                     '设置目录下所有文件的属性
    Dim fil As File                             'File 型变量
    Dim fld1 As Folder                          'Folder 型变量
    For Each fil In fld. Files                  '对目录中每个文件
        fil. Attributes=Iif(Check1. Value,ReadOnly,Normal)    '设置属性
        'Check1 为"只读"复选框。符号常量 Normal=0,ReadOnly=1
    Next fil
'对每个子目录所有文件设置只读属性
  For Each fld1 In fld. SubFolders               '对每个子目录
    SetAttr fld1                                '调用过程自己,不过是处理下级子目录
  Next fld1
End Sub
```

很牛吧!这就是递归过程的威力。别看这个过程很短,执行起来可能要花费点时间,因为要"遍历"嘛!如果要处理的是一个大容量驱动器的根目录,那可要耐心等待了。

②单击"设置属性"按钮,调用下面这个事件过程,完成!

```
'"设置属性"按钮
Private Sub Command3_Click()
    Dim fd As Folder
    Set fd=fso. GetFolder(Dir1. Path)    '取目录列表框指定的文件夹
    SetAttr fd           '设置该目录下所有文件(包括所有子目录下的文件)的属性
End Sub
```

第四节　传统的文件操作语句

很多教材都用大量篇幅介绍传统的文件操作语句,用于读写文件的内容。这里的"传统"是指 DOS 时代的 Basic 语言。从发展历史来看,早期 Basic 语言用这些语句能够解决的问题是读写下列三类数据文件:

- 纯文本文件。
- 老式记录型数据文件。
- 二进制文件。

对纯文本文件已经有很多更简单方便的方法,可以一次性读出,然后进行处理。老式记录型数据文件已经淘汰,改用更先进的数据库了。至于二进制文件,读写目的何在?任何文件都是二进制文件,类型不同,内部格式也不一样,都是专门的软件使用的文件。因此,花很

多时间讲解只会浪费大家的时间。这里只讲一点有关概念。

传统的文件操作包括：

- 打开文件。例如：Open "c:\a.txt" for Input as #1　　'为打开的文件指定文件号 1
- 读写文件。例如：Line Input #1,Ln$　　'读一行到变量 Ln
- 关闭文件。例如：Close #1。

在读写文件前必须先打开，以便从目录中读入文件的有关信息，如文件位置、长度、属性等。读写完成后一定要关闭，以便改写其在目录中的信息。

文件的打开方式可以分为：

- For Input　为读取文件而打开，文件应存在。
- For Output　为写入数据而打开，新建。
- For Append　为追加数据而打开，也可新建。
- For Binary　打开二进制文件。
- For Random　打开随机读写的记录型文件。

对数据文件的访问分为 3 种类型，读写语句用不同的关键字：

- 顺序型　读用 Input、Input Line，写用 Print、Write。
- 随机型　读用 Get #＜文件号＞,＜记录号＞,＜变量名＞　'读一个记录到变量
  写用 Put #＜文件号＞,＜记录号＞,＜变量名＞　'变量内容写入记录
- 二进制型　读用 Get #＜文件号＞,＜字节数＞,＜变量名＞
  写用 Put #＜文件号＞,＜字节数＞,＜变量名＞

与文件操作有关的函数有：

- EOF(＜文件号＞)　End Of File，测试文件末函数(Boolean 型)。
- BOF(＜文件号＞)　Begin Of File，测试文件开始函数(Boolean 型)。
- LOF(＜文件号＞)　Length of File，返回已打开文件的长度(字节数)。
- FileLen (＜文件名＞)　返回未打开文件的长度(字节数)。
- CurDir [(＜驱动器名＞)]　返回当前目录。

上机实训 9

【上机目的】

(1)熟悉文件系统控件的主要属性和使用方法。

(2)学习图片框作为容器的应用。

【上机题】

设计一个文件查看器程序，界面如图 9-8 所示：窗口中间有一个图片框，内含驱动器列表框和目录列表框；右边有文件列表框和选择文件类型的下拉框；左边有一个增强型文本框和一个图像框(重叠)。如果在类型下拉框中选择图片文件，则显示图像框，隐藏文本框。此时在文件列表框中只显示图片文件名列表，在其中选择文件时立即在图像框中显示图片。如果在类型下拉框中选择文本文件，则显示文本框，隐藏图像框。此时在文件列表框中只显示文本文件名列表，在其中选择文件时立即在文本框中显示文本文件内容。要求改变窗口大小时左边的文本框和图像框自动改变大小，正好占满左边位置。

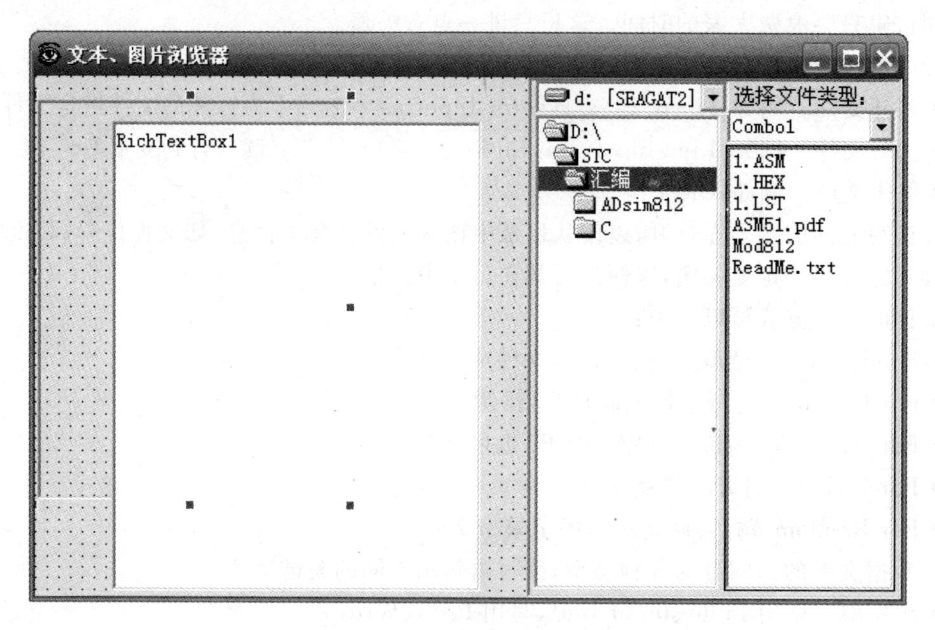

图 9-8　文件查看器程序界面

【提示】

(1)界面设计:

①在一个图片框内添加下列控件:驱动器列表框、目录列表框、文件列表框、标签、组合框各 1 个,要求排列整齐,然后将图片框的 Align 属性设为 4 - AlignRight(右对齐),使图片框始终在窗体右边。将文件列表框的 Enable 属性设为 False。

②在窗体左边添加 1 个增强型文本框和 1 个图像框。设置图像框的 Stretch 属性,使其大小不随图片大小变化。

(2)代码设计:

①要求窗体大小变化时,文本框和图像框都正好占据窗体除去图片框的左边全部空间,两者位置和大小相同。(应在 Form_Resize 事件过程中编写代码)

②窗体加载时,在组合框内加入两项:"*.txt; *.log; *.rtf"和"*.bmp; *.jpg; *.wmp; *.tif"(应在 Form_Load 事件过程中编写代码),用于设置文件列表框的 Pattern 属性。

③实现驱动器列表框、目录列表框和文件列表框三者"同步"。

④当用户单击组合框选择一项时,要随之改变文件列表框的 Pattern 属性。而且当用户选择其中第一项("*.txt; *.log *.rtf")时,其上面的标签显示"文本文件",而左边显示文本框;当用户选择第二项时,其上面的标签显示"图片文件",而左边显示图像框。同时将文件列表框的 Enable 属性设为 True,从而允许用户在文件列表框中选择文件。(应在 Combo1_ Click 事件过程中编写代码)

⑤当用户在文件列表框中选择文件时,如果组合框的 ListIndex 属性为 0(即用户选了其中第一项),则在左边的文本框中显示文件内容(用增强型文本框的 LoadFile 方法);如果组合框的 ListIndex 属性为 1(即用户选了其中第二项),则在左边的图像框中显示图片文件的内容(调用 LoadPicture 函数)。

程序运行情况如图 9－9 所示。

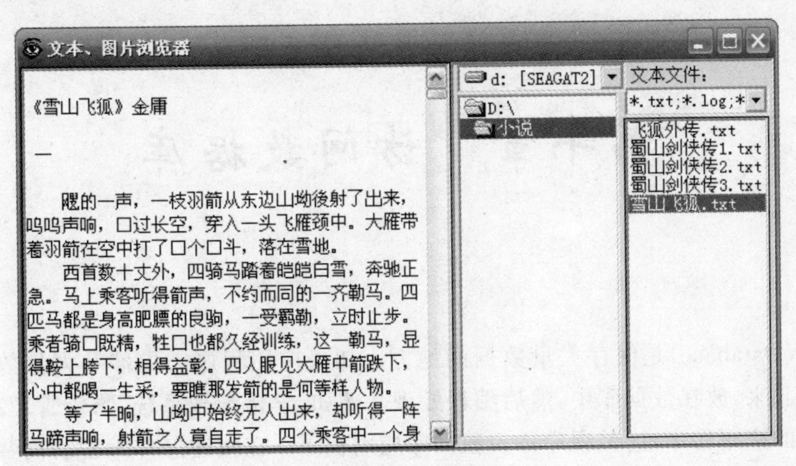

显示文本文件

显示图片文件

图 9－9　文件查看器程序运行情况

第十章 访问数据库

数据库(Database)是保存大量数据的地方。如果应用程序需要涉及大量数据,就应该把数据组织起来,放在数据库中,然后编程处理。例如,学籍管理系统、物资管理系统等都是基于数据库的应用程序,这类程序称为数据库应用程序。在叙述怎样编程访问数据库之前,要首先了解数据库的一些基本概念。

第一节 数据库的基本概念

数据库中的数据是有组织、有结构的数据集合。一个数据库由若干个“表”(Table)、“查询”(Query)等组成,每个表又由若干条“记录”(Record)组成,每个记录又由若干个“字段”(Field)组成。可以很形象地想象每个记录是表中的一行,每个字段是表中的一列。实际上,一张 Excel 工作表中的一个矩形区域,在一定的条件下,就可以作为一个数据库的表。什么条件?如下:

(1)表中顶行是字段名。字段名和变量名一样有点限制,例如要以字母或汉字开头、不能重名等。

(2)表中同一列中的数据必须有相同类型(当然不包括顶行的字段名),即该字段的类型。

(3)中间不能有空行。

表、字段和记录三者的关系见图 10-1。

字段↓

字段名→

学号	姓名	性别	数学	外语	电子	VB
A090301	张伞红	女	89	87	94	83
A090302	李斯白	男	66	75	56	72
A090303	王武黄	男	78	68	76	88
A090304	赵柳兰	女	80	90	78	84

记录

图 10-1 表、字段和记录三者的关系

从字段名下面一行开始,第 1 行是第 1 条记录,往下第 2 条、第 3 条……即每条记录都有一个记录号。不过记录号不是很重要,经常会根据需要重新对记录进行排序。重要的是需要某个字段能够唯一确定记录,例如学号字段。班上可能有同名同姓的学生,但学号总是唯一的。这种字段可以定义为"主键",或称"关键字"(Key)字段。

字段和变量一样有数据类型。实际上,在数据库管理软件(如 FoxPro、Access 等)中字段就是一种变量,称为字段变量,就像我们把控件属性称为属性变量一样。字段的类型决定其"长度"(Length),就像是列的宽度。"字段"既指表中的列,更多是指记录中字段的内容。例如,图 10-1 表中第 2 条记录的"数学"字段为 66。

同一条记录中各字段内容显然有关。例如第 2 条记录是李斯白的记录:学号、姓名、性别和 4 门课的成绩。

"表"又称"基本表",是数据存储的地方。数据库中还有一种类似"表(Table)"的东西,称为"查询(Query)"。说像"表"是因为它也有字段和记录,不叫"表"而叫"查询"是因为它是执行查询命令的结果,不像"表"那样存储基本数据。例如,从图 10-1 表中查询满足条件"所有课程都及格,不要性别字段"的记录,可以得到图 10-2 所示的查询结果。

学号	姓名	数学	外语	电子	VB
A090301	张伞红	89	87	94	83
A090303	王武黄	78	68	76	88
A090304	赵柳兰	80	90	78	84

图 10-2 查询结果

不需要也不应该同"表"一样保存这个"查询",因为这样会使数据库中数据严重重复,也不易维护(同样的数据修改时就麻烦了)。我们只要保存查询的条件,一旦有人(或程序)访问这个"查询",再按条件形成这些记录,发送给访问者。

一个数据库中往往有多个表和查询,所以每个表和查询也都有自己的名称。图 10-1 所示表不妨叫"成绩"表,图 10-3 所示表不妨叫"地址"表。

学号	出生日期	籍贯	邮编	家庭地址
A090301	1990-9-18	合肥	241005	安徽芜湖镜湖路 45 号
A090302	1992-3-5	济南	250015	山东济南经 2 路 8 号
A090303	1991-2-27	北京	201110	上海南京路 120 号
A090304	1991-3-20	淮南	243006	安徽马鞍山滨江路 4 号

图 10-3 地址表

图 10-3 所示表中没有姓名,因为根据学号可以从图 10-1 所示表中查到。图 10-1 所示表主要由教务处管理(输入、维护等),图 10-3 所示表由学生处管理,但如果学期结束后要给家长寄成绩单,就要同时使用两张表。为此,需要建立两张表之间的"关联"。建立关联时主键(例中的学号字段)显然很有用。这样一来,查询中可以同时包含这两张表的信息。例如,通过学号建立两张表之间的关联后,用"成绩表中都及格,不要性别的记录再加上地址表中的邮编和家庭地址"条件进行查询,得到的结果如图 10-4 所示。

学号	姓名	数学	外语	电子	VB	邮编	家庭地址
A090301	张伞红	89	87	94	83	241005	安徽芜湖镜湖路 45 号
A090303	王武黄	78	68	76	88	201110	上海南京路 120 号
A090304	赵柳兰	80	90	78	84	243006	安徽马鞍山滨江路 4 号

图 10-4 查询结果

可以用这个“查询”寄发成绩单，称此查询名为“成绩通知单”。

第二节 数据控件(Data)

访问数据库需要两类控件：一类用于定义要访问的数据库和其中的表或查询，称为数据库连接控件；另一类用于显示和保存要操作的字段数据，称为数据绑定控件。

工具箱里的标准控件中，只有一个数据连接控件，即 Data 控件( )。部件仓库中还有一些功能更强的控件，例如 ADO(Active Data Object)控件(，类名为 Adodc——ADO Data Control)。

数据绑定控件包括标准控件 Label、TextBox、ComboBox、ListBox、PictureBox、Image 和部件仓库中的很多控件(如 DBList、DBCombo、DataGrid 等)。标准控件用做数据绑定时，要使用一些以前没有讲过的属性。

什么叫数据绑定？举个简单的例子：假定我们要在文本框 Text1 中显示记录中的学生姓名，由于程序处理数据库中数据是按记录一条一条处理的，正在处理的记录称为当前记录，文本框中应该显示当前记录的学生姓名。如果当前记录改变时文本框中的内容能够自动改变，就要把“姓名”字段“绑定”到 Text1。怎样绑定？其实很简单，不过还是留待后面举例时再说。下面先讲最重要的数据连接控件。

一、Data 控件的用法

在一个新窗体中加入 Data 控件，在窗体中变为 Data1 。

先看它有哪些主要属性用于连接数据库：

- Connect(连接)属性　指明要连接的数据库类型，如：Access、Excel、FoxPro 等
- DatabaseName(数据库文件名)　要连接的数据库文件的路径名。
- RecordsetType(记录集类型)：

  0—Table(表)，RecordSource(记录源属性)必须是表，不能是查询。

  1—Dynaset(动态集)，默认设置。

  2—Snapshot(快照)，只能顺序访问，只读(不能修改数据库)，运行速度快。

什么是 Recordset(记录集)？记录集是一个对象，是表或查询在内存中的映像。RecordsetType 不同，其数据结构和行为也有所不同。

- RecordSource(记录源)　数据库的表或查询的名称。用于绑定控件显示的数据来源。

设置以上属性时必须按以下顺序进行：

(1)选择 Connect 属性，指明要连接的数据库类型。

(2)在打开文件对话框中，选择数据库文件(DatabaseName)；或直接输入文件路径名(对 FoxPro 为目录名)。

(3)选择 RecordsetType(记录集类型)。

(4)在 RecordSource 下拉框中选择数据库的表(或查询)名(对 FoxPro 为表文件名)。

说明

如果发生"不能识别的数据库格式"，最大可能是数据库管理软件版本比较新，以致 VB 6.0 不能识别。解决办法有两个：

方法 1 将数据库文件转换为老版本(Office97 版)。Access 和 Excel 新版都有这个功能。

方法 2 给 VB 打补丁。安装 vs6sp6(从网上下载)。

推荐使用第二种办法。

Data 控件还有一些属性也很重要：

- Caption 属性　显示在控件上的文字。经常用于动态显示当前记录号。
- BOFAction 属性　在程序运行时，改变当前记录达到 BOF(第一条记录前面)时的动作。

  取值：0—Move First(默认)停留在第一条记录；1—BOF 指向第一条记录前面。
- EOFAction 属性：在程序运行时，改变当前记录达到 EOF(最后一条记录后面)时的动作。

  取值：0—Move Last(默认)，停留在最后一条记录；2—EOF，指向最后一条记录后面；3—Add New，增加一条新的记录。
- Option 属性：用于控制读写。

  取值：0—不控制(默认)；4—dbReadOnly，只读。

绑定控件(如文本框、标签等)与绑定有关的主要属性，也要依次设置：

- Data Source(数据源)属性　选择窗体中的一个数据连接控件。
- Data Field(数据字段)属性　从数据连接控件数据源中选择一个字段。

【实例 10-1】 假定已经建立了一个 Access 数据库(库文件名为"学生.mdb")，并用此数据建立了两张表："成绩"表和"地址"表。设计程序显示成绩表中的记录。

界面设计如图 10-5a 所示。窗体中包含一个 Data 控件，7 个文本框，7 个标签。

操作步骤

①先依次设置 Data 控件属性，如表 10-1 所示。

表 10-1 Data 控件属性

次序	属性名	设置	次序	属性名	设置
1	Connect	选择 Access 2000；	4	RecordSource	选择"成绩"表
2	DatabaseName	选择库文件 学生.mdb	5	Caption	1
3	RecordsetType	选择 1-Dynaset(缺省)	其他属性，用缺省值，不要改变		

②再设置绑定控件(7 个文本框)的属性，如表 10-2 所示。

表 10-2　绑定控件属性

次序	属性名	设置	次序	属性名	设置
1	Data Source	Data1	2	Data Field	对应字段名(学号等)

③启动窗体,将立即显示第一条记录内容,如图 10-5b 所示。单击 Data 控件中的箭头键(图 10-6),则显示的记录内容会自动改变。

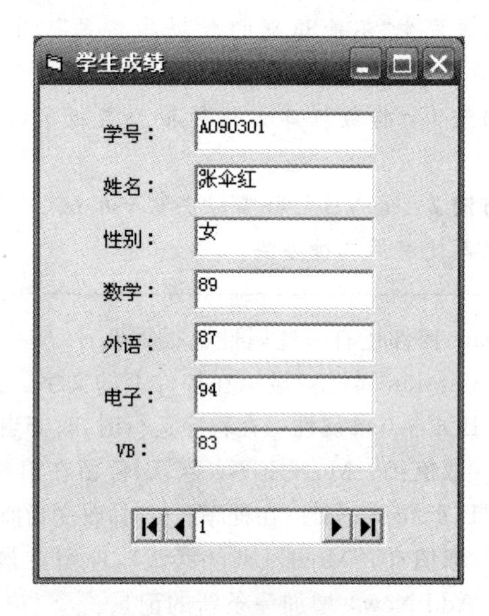

a 界面设计　　　　b 运行情况

图 10-5　访问学生数据库

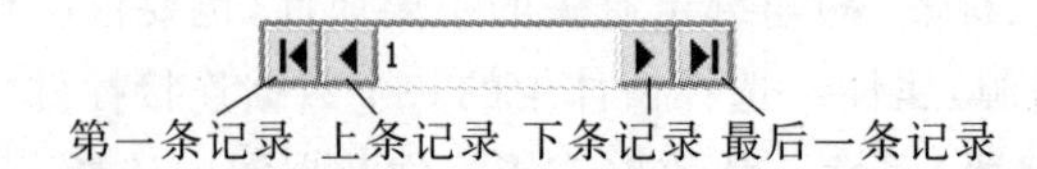

图 10-6　Data 控件

更有意思的是,如果在文本框中修改内容,只要转换到另一条记录后再回来就会发现记录内容已经改变,而且已经写入了数据库。如果将 Data1 的 Option 属性设置为 4(只读),则记录不会改变。

数据连接控件上显示的文字(Caption 属性)始终为 1,没有随着当前记录的改变而自动改变,这是因为现在连一条语句也还没有写!

④在编写程序代码以前,还需要有更多的说明。

Data 控件有两个主要事件:Reposition 事件和 Validate 事件。

- Reposition(重定位)事件　当前记录改变时,例如转到下条记录或上条记录时都会发生。该事件过程不含参数。

先解决上面遇到的问题,即当前记录改变时,希望在数据连接控件上显示当前记录号。实现很简单:

```
Private Sub Data1_Reposition()
    Data1.Caption=Data1.Recordset.AbsolutePosition+1
```

```
End Sub
```

其中 Recordset. AbsolutePosition 就是当前记录位置，不过从 0 开始编号，所以要加 1。插入这个事件过程以后，翻动记录时，Data 控件上显示的数字将随当前记录号的变动而变动。

注意

AbsolutePosition 是 Recordset 对象的属性，不是 Data1 的属性。

● Validate（检验）事件　记录内容改变或关闭数据库时发生，以便检查和校验修改是否合法。

二、数据库对象 Database 和记录集对象 Recordset

在 Data 控件的属性中，除记录集（Recordset）是一个对象外，数据库也是对象，类名为 Database。编程时往往要涉及这两个对象的属性和方法。

在第九章的文件系统对象一节，已经见识真正面向对象编程的好处。在数据库的应用程序中，只有充分利用面向对象编程的优势，才能使编程的思路更加清晰，实现更加简单。

Database 与 Recordset 和文件系统中的 Folder 与 File 相似，是类的名称，请看下面的声明和语句：

```
Dim db1 As Database          '声明 db1 为一个数据库对象
Dim rs1 As Recordset         '声明 rs1 为一个记录集对象
Set db1=Data1. database      '令 db1 为 Data1 所连接的数据库
Set rs1=Data1. Recordset     '令 rs1 为 Data1 中指定的数据集
```

为加深理解，不妨比较一下在文件系统对象中遇到过的语句：

```
Dim fld As Folder
Dim fil As File
Set fld=fso. Getfolder("c:\Windows")
Set fil=fso. getfile("c:\config. sys")
```

要动态设定所连接的数据库，可用下面这条语句：

```
Set Data1. Database = OpenDatabase(<文件名>)
```

要动态设定所连接的数据库表，可用下面这条语句：

```
Set rs=Data1. Database. OpenRecordset(<表名>,类型>)
```

显然，OpenRecordset 是 Database 对象的方法。

Recordset 既是 Data 控件的一个属性，本身又是一个类，因此有它自己的属性和方法。主要属性有：

● AbsolutePosition　记录位置。

● RecordCount　记录总数。

● Fields　所有字段的集合。字段也是对象，有各种属性。

● DataSource　数据源，即所连接的数据库中的表或查询等。

● EOF　指针已指向最后一条记录的后面。

- BOF　指针已指向第一条记录的前面。
- Bookmark　书签标记。

例如：

```
Mark1＝Data1.Recordset.BookMark          '设置“书签”,标记当前记录
Data1.Recordset.MoveLast                 '指针指向其他位置
Data1.Recordset.BookMark＝Mark1          '指针回到书签标记的记录
```

在程序中改变当前记录称为“移动记录指针”,移动记录指针使用 Recordset 对象的方法：

- MoveNext　指向下条记录。
- MovePrevious　指向上条记录。
- MoveFirst　指向第一条记录。
- MoveLast　指向最后一条记录。
- Move ＜*n*＞　移动指针 *n* 条记录(*n* 为负时向上移动)。

例如：Data1.Recordset.Move 3 表示指针向下移动 3 条记录。

Recordset 对象的方法还有：

- AddNew　增加一条记录。
- Delete　删除当前记录。
- Edit　编辑记录。
- Update　更新记录,用于编辑后加入数据库中。
- Close　关闭记录集。
- FindFirst"条件"　查找第一条符合条件的记录。

例如:Data1.Recordset.FindFirst "数学＞80"。

- FindNext＜条件＞　查找下一条符合条件的记录。
- FindLast＜条件＞　查找最后一条符合条件的记录。
- FindPrevious＜条件＞　查找上一条符合条件的记录。

Validate 事件过程包含两个参数：

```
Private Sub Data1_Validate1(Action As Integer,Save As Integer)
```

其中参数 Action 是引起事件发生的方法或动作；参数 Save 表示是否写入数据库,为 True 时写入,为 False 时不写入。Action 常用参数含义见表 10－3。

表 10－3　Action 常用参数含意

Action	起因	Action	起因	Action	起因	Action	起因
1	MoveFirst	4	MoveLast	7	Delete	10	Close
2	MovePrevious	5	AddNew	8	Find	11	Unload
3	MoveNext	6	Update	9	Bookmark		

【实例 10－2】 在实例 10－1 的基础上,增加一些命令按钮,以便对数据库进行简单的维护。程序界面如图 10－7 所示。

程序代码如下：

```
'声明 rs1 为一个记录集对象
Dim rs1 As Recordset
    '记录定位时,发生 Reposition 事件(程序启动时也会发生一次),在数据连接控件上
    '显示当前记录号和记录总数(RecordCount 属性)
Private Sub Data1_Reposition()
    On Error GoTo errhandle
    Data1.Caption=(rs1.AbsolutePosition+1) & "/" & rs1.RecordCount
    Exit Sub
errhandle:
    '令 rs1 为 Data1 所指定的记录集
    Set rs1=Data1.Recordset
End Sub
'"新增记录"按钮
Private Sub Command1_Click()
    rs1.AddNew
End Sub
'"删除记录"按钮
Private Sub Command2_Click()
    rs1.Delete
    rs1.MoveNext
End Sub
'"编辑记录"按钮
Private Sub Command3_Click()
    rs1.Edit
End Sub
'"更新记录"按钮
Private Sub Command4_Click()
    rs1.Update
End Sub
'"关闭"按钮
Private Sub Command5_Click()
    rs1.Close
    End
End Sub
'移动记录时不保存修改
Private Sub Data1_Validate(Action As Integer,Save As Integer)
    If Action <=4 Then Save=False    '移动记录时,Action <=4,只需令 Save=
                                      False 则不保存
End Sub
```

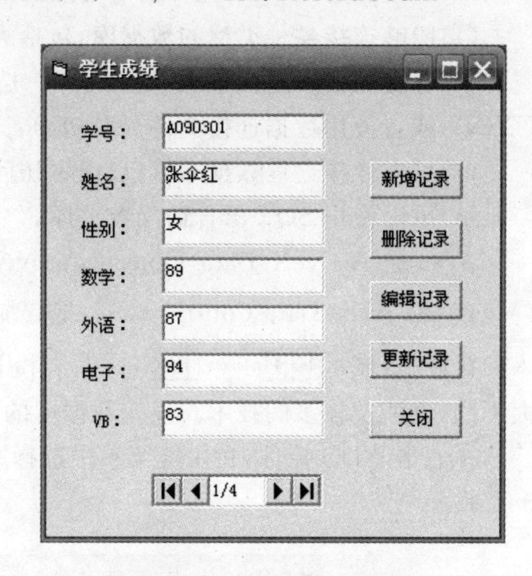

图 10-7　维护学生数据库

程序启动后，单击“新增记录”按钮，增加一条空白记录；输入各字段内容，然后单击“更新记录”按钮则将新记录写入数据库；单击“删除记录”按钮，删除当前记录；单击“编辑记录”按钮，然后修改当前记录，修改完成再单击“更新记录”按钮，则将记录写入数据库。

第三节　ADO　控　件

ADO 控件是比 Data 控件功能更强的一个数据连接控件。其优势在于：

(1)能够连接各种类型的数据库，包括大型数据库，如 Oracle、SQL Server 等。

(2)有更灵活的连接数据库方式。一是使用连接字符串，二是使用 ODBC 数据源名称(DSN)，或者使用数据连接文件。对初学者使用连接字符串比较容易。

(3)可以连接远程数据库，可以设置访问数据库时的用户名和密码。

(4)可以使用 SQL 语言访问数据库。

ADO 是 ActiveX Data Object(ActiveX 数据对象)的缩写。在部件对话框中选择“Microsoft ADO Data Control 6.0”，把它加入到工具箱中，显示图标，类名为 adodc。加入到窗体中，显示 Adodc1，看上去和 Data 控件没有多大区别，不过在设置连接时有很大不同，也涉及较多的技术。连接数据库的步骤：

①右击 ADO 控件，在快捷菜单中选择“ADODC 属性”，显示“属性页”对话框，如图 10-8 所示。

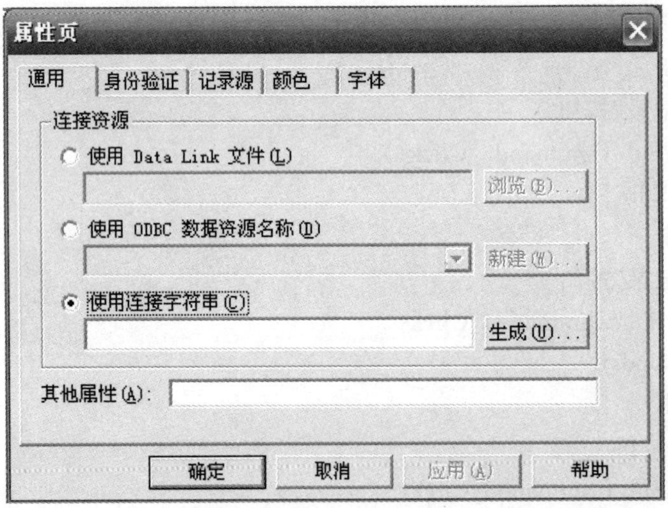

图 10-8　ADO 控件的属性页

②选择“使用连接字符串”，单击“生成”按钮，显示“数据连接属性”对话框，如图 10-9 所示。

“数据连接属性”对话框有 4 个选项卡，图 10-9(a)为“提供程序”选项卡，在其中选择数据库类型，对 Access 2000 或 Access 2003，选择“Microsoft Jet 4.0 OLE DB Provider”，再单击“下一步”，显示“连接”选项卡，选择数据库名称后，单击“测试连接”按钮，如果没有问题，将显示“测试连接成功”消息框，见图 10-9(b)。如果登录数据库需要用户名和密码，也在本

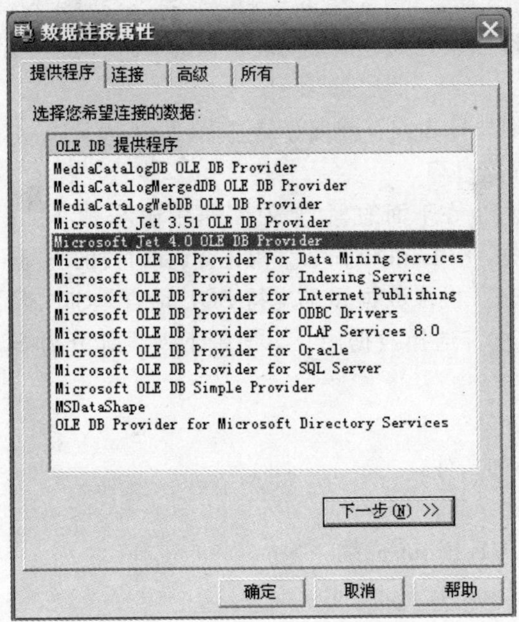

a

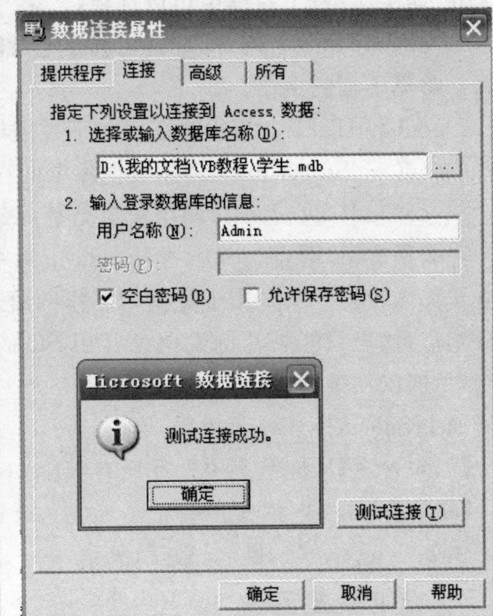

b

图 10-9 正在生成“连接字符串”

选项卡中设置。“高级”与“所有”两个选项卡一般可以不管,单击“确定”按钮,见回到属性页,已生成连接字符串。为清楚起见,把它分成3行:

Provider=Microsoft.Jet.OLEDB.4.0;

Data Source=D:\我的文档\VB教程\学生.mdb;

Persist Security Info=False

其中第一行为“Provider”(提供者),第二行为“Data Source”(数据源),第三行为“Persist Security Info”(安全信息),指用户和密码设置。

③在属性页中再选择“记录源”选项卡,如图10-10所示。

图 10-10 选择记录源

在“命令类型”下拉框中可以选择：

1—adCmdText　用 SQL 语句选择记录源（表、查询等），语句在下面的“命令文本”框中输入。参见下面的例子。

2—adCmdTable　直接在下面的下拉框中选择表或查询或存储过程（见图 10 - 10）。

4—adCmdStoreProc　调用数据库中的存储过程。

8—adCmdUnknown　调用未知类型命令，也在下面的“命令文本”框中输入。

什么是 SQL 语言？SQL 是“Structured Query Language”（结构化查询语言）的缩写，是独立于具体数据库又专用于数据库操作的语言。很多数据库都支持 SQL 语言。SQL 语言十分丰富，这里只能举几例说明怎样用 SQL 语言选择数据源。下面带下划线部分为 SQL 语句，每例仅一条 SOL 的 Select 语句。

例 1：<u>Select * From 成绩</u>

【语句含意】从成绩表中选择所有字段，不加条件。

【结果】读出“成绩”表所有记录形成一个记录集。

例 2：<u>Select 学号，姓名，数学，外语，电子，VB From 成绩</u>
<u>Where 数学>=60 and 外语>=60 and 电子>=60 and VB>=60</u>

【语句含意】从成绩表中选择学号、姓名、数学、外语、电子、VB 字段，符合 4 门课程均及格条件的所有记录。

【结果】读出“成绩”表中除性别以外的所有字段，且各门课程都及格的记录。

例 3：<u>Select 成绩.学号，成绩.姓名，成绩.数学，成绩.外语，成绩.电子，成绩.VB，</u>
<u>地址.邮编，地址.家庭地址 From 成绩，地址</u>
<u>Where 成绩.学号=地址.学号</u>

【语句含意】从成绩表中选择学号、姓名、数学、外语、电子、VB 字段，从地址表中选择邮编和家庭地址字段，显示两表学号相同的所有记录。

【结果】形成一个记录集，记录集中有“成绩”表除性别以外的所有字段、“地址”表中的邮编和家庭地址字段，两表学号相同的两条记录合在一起产生一条记录，排除其他数据。

说明

(1)Select 语句是 SQL 语言中最常用的语句。

(2)SQL 语句可以分多行书写。

(3)From 后面指定要用到的表名，如果只有一个表，前面的字段列表不必加表名。

(4)Where <条件>是条件子句，没有 Where 子句就是所有记录。例 3 中的条件非常必要，否则会从第一个表中每取一条记录就与第二个表中的各记录的两个字段合成多条记录，形成的记录集非常大，而且毫无意义。

ADO 控件当然也有属性、方法和事件。上面的“连接字符串”就是它的 ConnectingString 属性，在图 10 - 10 的“命令类型”下拉框中选择的是它的 CommandType 属性。选择的记录源是它的 Recordset 属性。

ADO 控件的 Recordset 属性和 Data 控件的 Recordset 属性一样都是对象，虽然类的定义有所不同，但有类似的属性和方法。如 AbsolutePosition 属性（从 1 开始编号）、EOF 和

BOF 等属性，MoveFirst、MoveNext、Find、AddNew、Delete 等方法，用于实现记录集的操作。

ADO 控件没有 Data 控件的 Reposition 事件和 Validate 事件，但有 WillMove、MoveComplete、WillChangeRecord、ChangeRecordComplete、WillChangeRecordset 和 ChangeRecordsetComplete 事件。从事件名称上可以大致判断何时发生这些事件。前两个在 Move（移动记录指针）之前和之后发生，中间两个在记录改变之前和之后发生，后两个为记录集改变之前和之后发生。

如果把实例 10－2 中的 Data 控件换成 ADO 控件，把 Reposition 事件过程换成 MoveComplete 事件过程，rs1 声明为 Object，其他无需大改，即可运行。

第四节　自定义类型

数据库操作以记录为单位，记录读入后最好放在一个数据结构中。什么样的数据结构最适合存放一个记录呢？答案是需要自己创建数据类型。用 VB 的 Type 声明语句可以解决这一问题。

语句结构：

```
[Public | Private ] Type <类型名>
    <字段名 1><类型>
    <字段名 2><类型>
    ……
End Type
```

例如声明：

```
Type Student                          'Public 可省略
    Sid        AS String              '学号
    Name       AS String              '姓名
    Male       AS Boolean             '性别，True 时为男
    Math       AS Integer             '数学成绩
    Engl       AS Integer             '外语成绩
    Elec       AS Integer             '电子成绩
    VB         AS Integer             'VB 成绩
End Type
```

声明以后，Student 就是新定义的数据类型，同 Integer、String 等一样都是类型名，不是变量名！要声明一个这种类型的变量还要用声明变量的语句，例如：

```
Dim st1 As Student                    '变量 st1 中可以存放"成绩"表中的一个记录
Dim c1(40)As Student                  '数组 c1 中可以存放 40 个记录
```

对变量 st1 赋值，要对其中的每个“字段”（借用数据库术语），或称“分量”“成员”赋值，例如：

```
st1.Sid="A030901"
st1.Name="张伞红"
```

```
st1.Male=False                        '女
st1.Math=89
st1.Engl=87
st1.Elec=94
st1.VB=83
```

或使用 With 语句：

```
With st1
  .Sid="A030901"
  .Name="张伞红"
  .Male=False
  .Math=89
  .Engl=87
  .Elec=94
  .VB=83
End With
```

当然，每个分量也能单独赋值或使用，例如：

```
If st1.Math < 60 Then MsgBox st1.Name & "的数学不及格！请补考。"
```

如果补考成绩为 79，则修改成绩：st1.Math=79。

如果使用数组，还需要加下标，例如修改 2 号学生的数学成绩：

```
c1(2).Math=30
```

自定义数据类型并非只为数据库应用设计，在其他应用程序中也都会用到。

分量的类型也可以是自定义类型。例如先定义一个 XY 类型：

```
Type XY
    x As Single
    y As Single
End Type
```

两个分量既可以当做 x、y 坐标，也可以当做宽度和高度。一个椭圆需要 4 个参数：中心坐标(x,y)、x 方向半径 rx 和 y 方向半径 ry。我们可以定义一个 Oval 类型：

```
Type Oval
  Center As XY
  Size As XY
End Type
```

如果声明一个 Oval 类型变量：

```
Dim ov As Oval
```

则其中心坐标为 ov.Center，其大小为 ov.Size。中心的 x 坐标为 ov.Center.x，y 坐标为 ov.Center.y，x 方向半径为 ov.Size.x，y 方向半径为 ov.Size.y。

第五节 枚举类型

枚举类型也是一种自定义类型，不过用于定义一个整型符号常量集合。

声明语句结构：

```
[Public | Private] Enum ＜类型名称＞
    ＜符号常量名1＞[＝常量表达式]
    ＜符号常量名2＞[＝常量表达式]
    ……
End Enum
```

例如，定义一个 Season 类型的声明：

```
Enum Season
    Spring=1
    Summer
    Fall
    Winter
End Enum
```

结果 Season 是一个自定义的枚举类型，其中包含4个符号常量：

Spring=1，Summer=2，Fall=3，Winter=4

如果不给第一个符号常量赋值，则其值为0；如果不给后面的符号常量赋值，则取前一个常量的值加1。

在 VB 内部有很多这样的符号常量集合，如图2-1中显示的 ColorConstants 就是一个枚举类型。

声明一个 Season 类型变量：

```
Dim jd As Season
```

则可以这样使用：

```
jd=Summer              '相当于 jd=2
```

又如：

```
Select Case jd
    Case Spring
        s="春天真好！"
    …
End Select
```

上机实训10

【上机目的】

(1)熟悉数据库连接控件的主要属性和使用方法。

(2)初步学习数据库编程方法。

【上机题】

编写一个随机抽题测验程序。题库在一个数据库的"填充题"表中。表中每题一条记录,有 3 个字段:序号、题目和答案,如图 10-11 所示。假定表中已加入很多题目,要求随机抽取 10 题。程序启动后每次抽一题,答一题,判一题,并将题目、答题和得分打印到下面的图片框中。程序界面如图 10-12 所示,运行情况如图 10-13 所示。

填充题 : 表

序号	题目	答案
1	写出x被y除的余数的表达式	x mod y
2	3*3^2/2 =	14.5
3	后缀 % 所代表的数据类型是:	Integer
4	写出x被y整除的表达式	x\y
5	4+7 mod 3 =	5
6	后缀 # 所代表的数据类型是	Double
7	写出x开3次方的表达式	x^(1/3)

记录: 29 共有记录数: 30

图 10-11　题库中的"填充题"表

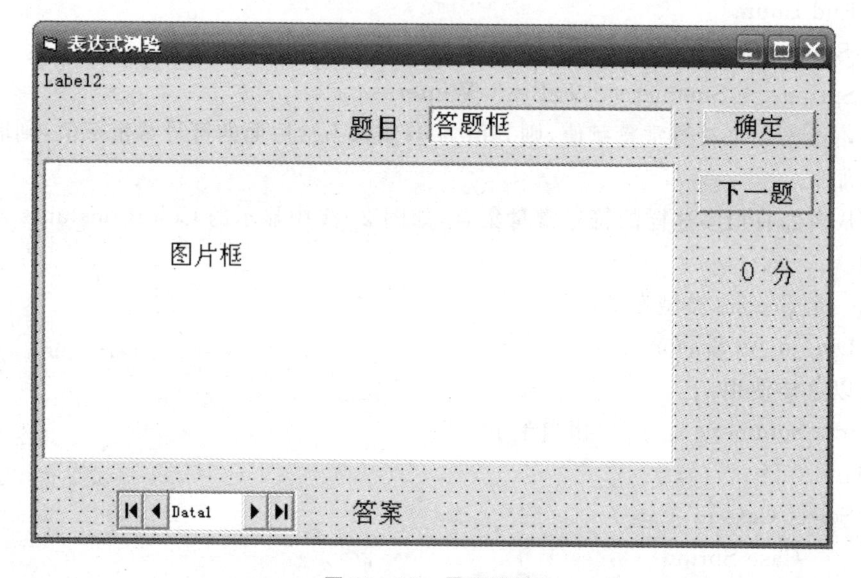

图 10-12　界面设计

【提示】

(1)界面设计:

①加入一个 Data 控件,用于连接数据库,其 Recordset 属性为数据库的"填充题"表。不可见。

②添加两个标签,一个绑定"题目"字段,用于显示题目,将其 AutoSize 属性设为 True, Alignment 属性设为 1 -右对齐,使题目紧靠答题框;另一个标签绑定"答案"字段,不可见。

③添加一个图片框用于打印显示。背景色设为白色,以突出显示打印内容。

④添加两个命令按钮:"确定"按钮用于确认输入,"下一题"按钮用于显示下一题。

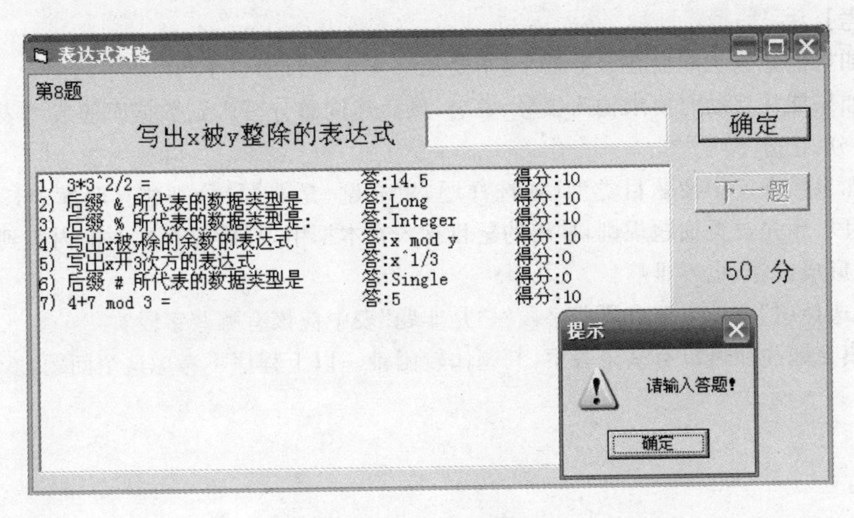

图 10 - 13　运行情况

⑤再添加两个标签，一个标签显示题号，另一个标签显示得分。参见图 10 - 12 和图 10 - 13。

(2)代码设计：

①应设置几个模块级变量：

- *n*　记录总数，取 Data1. Recordset. RecordCount。
- *i*　题号从 1 到 10，每完成一题加 1。
- *j*　题目序号，随机产生。表中序号字段从 1 开始到 *n*。取 *j*＝Int (Rnd ∗ *n*)＋1。

②不能重复抽取同一题。可以用一个 *n* 个元素的 Boolean 数组 *s*，由于 *n* 不能预先确定，所以 *s* 要用动态数组，下标从 1 到 *n*，对应题库中 *n* 个题目，标记哪个题目已抽到过。如果抽到序号为 *j* 的题目，就令 *s* (*j*)为 True。对产生的随机数 *j*，要检查 *s* (*j*)，如果为 True 就是已经抽到过，需重新产生。可用以下循环结构抽题：

```
Do
  j＝Int (Rnd ∗ n)＋1
Loop While s (j)
```

接着用 FindFirst 方法找序号为 *j* 的记录：

```
Data1. Recordset. FindFirst "序号＝" & j        '注意 Find 方法后面的条件要用字符型表达式
```

标记已经抽到过序号为 *j* 的题目：

```
s (j)＝True
```

③为便于操作，要控制“确定”按钮和“下一题”按钮的 Enable 属性和焦点。

④要检查操作错误，如未输入答题就按“确定”按钮，就要求重新输入(见图 10 - 13)。

⑤找到序号为 *j* 的记录后，绑定控件自动取得该记录的题目和答案。“确定”后，将答案与不可见绑定控件中的答案进行比较、判分，将题目、答题和得分打印到图片框中。

⑥做完 10 题后，测验结束，用消息框显示总分。

【思考】

(1)如果能把数据库放在服务器上,不是能够实现联机考试了吗?

(2)如果能在启动时要求输入学号、姓名,最后连同总分写入到数据库的成绩表中,不是能自动判分、记分了吗?

(3)如果数据库中按题目类型(如选择题、填充题、是非题)分别建立题库表,表中增加"难度"字段,预先设置抽题规则,抽出的题目存入文本框中,最后保存文本框内容到文件,要实现自动形成试卷,也不难啊!

(4)"选择题"表中应该有哪些字段?"是非题"表中应该有哪些字段?

(5)填充题往往可以有多个答案,判题比较困难。以上程序不考虑这个问题。

第十一章　开阔视野，提高编程水平

从软件开发的高度学习程序设计，需要了解以下几点：

(1)计算机系统分为硬件系统和软件系统，硬件是基础。软件又分为系统软件和应用软件，系统软件是基础。最基本的系统软件就是操作系统。硬件和软件之间还有一层“固件”，就是主板上面的ROM(只读存储器，ReadOnly Memory)程序，实际上也应该看做软件，不过是固化在ROM中而已。ROM中的程序主要是一些硬件(如硬盘)的驱动程序和开机启动程序，以便把操作系统从硬盘加载到内存中，然后把整个系统的控制交给操作系统。

(2)操作系统是整个系统(包括硬件和软件)的管理者。一般用户使用计算机只知道操作系统提供的用户界面，如Windows提供的窗口，对软件开发者还应该了解操作系统的另一个方面，就是对软件开发的强大支撑作用，即操作系统提供的大量的库函数，就像VB中的各种控件、部件和引用。后面将要讲到的API(Application Programming Interface，应用程序接口)就是可供VB调用的系统函数库。

(3)程序设计语言分为低级语言和高级语言。低级语言的代表是汇编语言，大部分其他语言，包括VB，都是高级语言。C语言是高级语言中的低级语言。低级语言面向系统底层，但学起来比较困难；高级语言面向应用，便于理解。系统软件因为缺乏支撑，需要用低级语言来开发，过去用汇编，现在也可以用C语言。VB主要用于开发应用程序。

(4)面向对象的程序设计技术是软件技术的一个重大突破。本书内容说是面向对象的程序设计，其实只是用到系统提供的对象，如控件、文件系统对象等，并没有涉及怎样去定义一个类(Class)，以及怎样定义其属性、方法等。VB 6.0虽然提供了这方面的功能，但不是很理想。如果需要，可以使用VB新版本(如VB.Net，VB 2005，VB 2007等)，遗憾的是新版功能虽然更强大，但与VB 6.0的兼容性太差，学起来困难不小。

本章将叙述VB中如何借助其他Windows软件和操作系统本身提供的库函数，使程序更加丰富多彩，以及怎样把我们开发的应用程序打包，变成一个可以安装到其他机器上的软件。

第一节　对象的链接和嵌入(OLE)

大家也许早已注意到前文遗漏了工具箱里的一个标准控件：OLE控件( )。OLE是“Object Linking and Enbedding”的缩写。网页上有很多链接，其含意不用多讲。嵌入是直接将对象(副本)插入程序中，无需依靠链接去找对象(对链接，换了环境可能会找不到)，不过编译成可执行文件后，肯定会比链接文件大。在程序中能够链接或嵌入的对象可以是Windows的各种对象，如图片、音乐、幻灯片等。不同对象需要不同程序来处理，所以在“激活”对象时将启动相应程序来处理这个对象。例如,对幻灯片(ppt 文件)会调用 PowerPoint 来处理或放映,音乐会调用 Windows Media Player 来播放。如果对象类型没有设定默认的处理程序,就会显示对话框让用户选择程序。

OLE 控件是一个“容器”,容器内可以包含一个嵌入对象或链接。在窗体中加入 OLE 控件时,会显示一个“插入对象”对话框,如图 11-1 所示,让用户选择要嵌入或链接的对象。

(a)

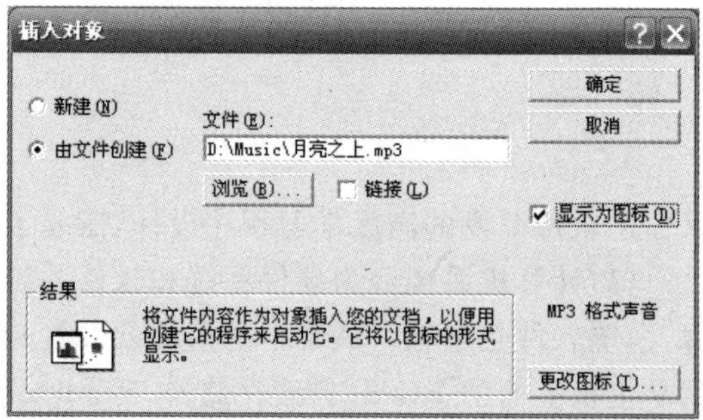

(b)

图 11-1 “插入对象”对话框

如果选择“由文件创建”,对话框如图 11-1(b)所示。如果不选择“链接”,就是嵌入。图 11-1(b)中选择了一个 mp3 文件,并选择“显示为图标”,单击“确定”按钮后,则插入选择的对象。这时窗体中 OLE 控件中将显示一个方框和插入对象的图标及标签。运行时,双击该图标,就会在 Windows Media Player 窗口中播放歌曲。

如果创建失败,可以在 OLE 控件的快捷菜单中选择“插入对象”再试。

OLE 控件也有很多属性,在设计阶段和运行阶段动态改变。常用属性:

- BackStyle(背景样式)属性　0—Transparent(透明),1—Opaque(不透明)。
- BorderStype(边界样式)属性　0—None(无),1—Fixed Single(有)。
- SourceDoc(源文件)属性　对象文件名。

在 OLE 控件的快捷菜单中选择“编辑包”(“包”指容器中的内容),如图 11-2(a)所示,则显示图 11-2(b)所示对话框。

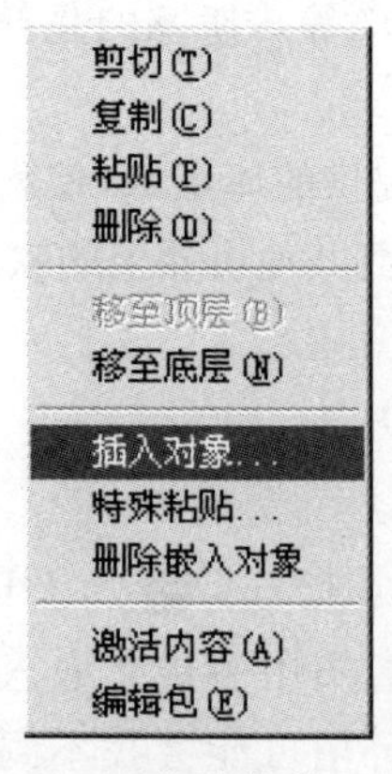

(a)快捷菜单

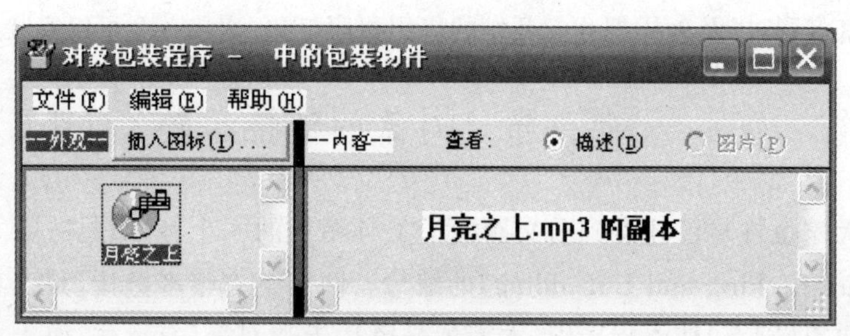

(b)编辑包对话框

图 11-2 OLE 的快捷菜单和“包”的编辑

单击“插入图标”按钮可以在一个对话框中选择图标文件，选择“编辑”菜单下的“标签”命令，可以改变标签显示的文字。

第二节 Shell 函数

Shell 函数用于启动其他应用程序。Shell（外壳）在操作系统中指命令解释程序，如 DOS 的 Command，UNIX 的 csh、ksh 等。

格式：

Shell ＜命令行＞，＜启动状态＞　　'不管其返回值

或　id＝Shell（＜命令行＞，＜启动状态＞）　'需要用到返回值，返回任务标识符 ID

VB 中的函数如果不需要其返回值，参数不能用括弧；如果需要返回值，就必须加括弧。如 MsgBox 函数。

参数：

● 命令行　可以是任何 DOS 外部命令或可在 Windows 下可执行的命令，如“c:\windows\calc. exe”。

● 启动状态　有/无焦点；最大化/最小化/正常，如表 11－1 所示。

表 11－1　启动状态参数含义

启动状态	效　果
0	窗口被隐藏，且焦点会移到隐式窗口
1	窗口具有焦点，且会还原到它原来的大小和位置
2	窗口会以一个具有焦点的图标来显示
3	窗口是一个具有焦点的最大化窗口
4	窗口会被还原到最近使用的大小和位置，而当前活动的窗口仍然保持活动
6	窗口会以一个图标来显示，而当前活动的窗口仍然保持活动

例如：

```
Private Sub Command1_Click()
    Dim id As Integer
    id=Shell("calc. exe",1)
    MsgBox id
End Sub
```

单击“命令”按钮，则将启动 Windows 附件中的“计算器”程序，并立即用消息框显示其任务号，而不必等“计算器”程序窗口关闭，即所谓的“异步执行”。Windows 附件中的程序不需要加文件路径，但必须知道程序的文件名。其他程序通常需要加上路径，除非程序文件在当前驱动器的当前路径中。

如果是 DOS 的外部命令，会打开一个 DOS 窗口来执行，执行完毕就自动关闭。

第三节 API 函数

如果一个程序窗口总是在其他窗口之上，从不会被活动窗口所遮挡，这是怎么做到的呢？在 IDE 窗口中是找不到答案的。因为这种程序使用了 Windows 的动态连接库中的一个库函数。那么怎样才能找到这个函数？又如何调用它呢？

在第九章曾经提到 Windows 的动态连接库比 VB 的“部件仓库”范围大得多，属于 Windows操作系统的“仓库”，库中文件的类型名为“. dll”(Dynamic Link Library)。如果打开 Windows 的 System32 目录，会发现其中竟然有 1 000 多个“. dll”文件(与安装了什么软件有关，新安装的软件会添加新的. dll 文件)。每个文件里有很多库函数的实现代码和各种其他定义，所以，没法列出这些函数目录和名称，更何况大部分函数和定义是不“开放”的。

为了找到所需的函数，不能直接到这些文件里去找，而要用 VB 提供的 API 浏览器。

操作步骤

①在程序启动菜单“Microsoft Visual Basic 6. 0 中文版工具”子菜单下选择“API 文本浏览器”，如图 11 - 3 所示，打开 API 浏览器窗体。

图 11 - 3　启动 API 文本浏览器

②在 API 阅览器窗口的“文件”菜单下，选择“加载文本文件”，然后在一个打开文件对话框中可以看到 3 个 txt 文件：APILOAD. txt、MAPI32. txt 和 Win32API. txt 及文件所在目录。选择“Win32API. txt”。

打开该文件后，在 API 阅览器窗体的“可用项”列表框中会列出很多 API 函数名。函数名都有一定含意，例如 SetWindowPos 函数，意为设置窗口位置；又如 GetCursorPos 函数，意为取光标位置。

③在“输入您要查找的内容的开头几个字母”文本框中输入要查找的函数名。输入时，下面列表框会自动滚动到以输入字串开头的函数列表。

④选择需要的函数，如“SetWindowPos”，则该函数的声明(Declare)语句就会加入到下面的“选定项”框中。可以选择多个函数，如再选“GetCursorPos”，并双击，结果如图 11 - 4 所示。

⑤单击“复制”按钮，将声明语句复制到剪贴板中。

⑥粘贴到程序的模块声明部分，最好是标准模块。如果复制到窗体的代码模块，要用 Private。

只要有了这个声明语句，就可以调用这个函数了。下面要遇到的两个问题是：怎样理解 API 函数的声明语句？怎样理解函数的参数？

仍以 SetWindowPos 函数为例，声明语句很吓人，不过不要害怕：

Public Declare Function SetWindowPos Lib "user32" Alias "SetWindowPos" (ByVal hwnd As Long, ByVal hWndInsertAfter As Long, ByVal x As Long, ByVal y As Long,

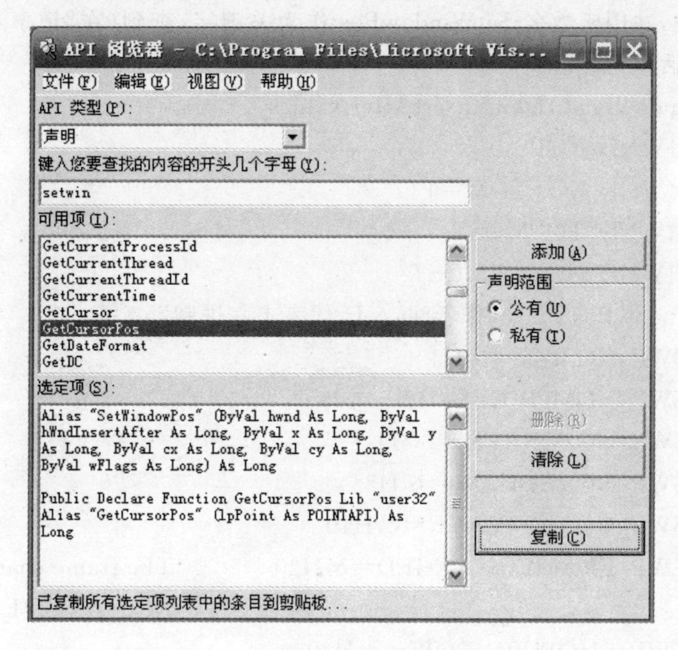

图 11-4 API 阅览器

ByVal cx As Long,ByVal cy As Long,ByVal wFlags As Long)As Long

说明

- Public(公有) 表示各模块都能使用，如果是 Privete(私有)，只在本模块内有效。
- Declare(声明) 声明一个 API 函数。
- Function SetWindowPos 声明的是一个函数，函数名为 SetWindowPos。
- Lib "user32" 库名，表示函数在库文件 user32. dll 中定义。
- Alias "SetWindowPos" 函数别名，可以自己给这个函数取另外一个名字，不改可省略。
- 括号中的内容 参数列表，这个函数有 7 个参数。
- As Long 函数返回值的数据类型。

第二个问题比较麻烦。不同函数有不同的参数、参数数量、名称和类型，关键是各参数的作用和值所代表的含义到哪里去查？还是以 SetWindowPos 函数为例：

参数 hwnd 称为 Windows 句柄(Handle of Window)，即窗体标识。凡是打开的窗体都被分配一个句柄(当然各不相同)。很多 API 函数都有这个参数。hwnd 也是 VB 窗体(Form)的一个属性，调用该函数时可以用 me. hwnd，或省略 me. 直接用 hwnd。参数 x，y 看来是坐标(这里是窗口位置)，cx，cy 看来也和坐标有关(这里是窗口大小)，不管它。hWnd-InsertAfter 和 wFlags 又代表什么呢？

解决这个问题，又要回到声明这个函数的文件"Win32API. txt"，其所在位置如图 11-5 所示。这个文件中不光有函数的声明，而且有各参数可以取的值及其符号常量的定义。好在这是一个纯文本文件，不难打开它(如

Program Files
Microsoft Visual Studio
Common
Tools
Winapi

图 11-5 文件所在目录

用“记事本”程序)，并用函数名 SetWindowPos 作为关键字，查到(在“记事本”中用 Ctrl+F 键打开“查找”对话框)如下内容：

```
' SetWindowPos()hwndInsertAfter values
Const HWND_TOP=0
Const HWND_BOTTOM=1
Const HWND_TOPMOST=-1
Const HWND_NOTOPMOST=-2
' SetWindowPos Flags(作者注：&H 代表十六进制)
Const SWP_NOSIZE=&H1
Const SWP_NOMOVE=&H2
Const SWP_NOZORDER=&H4
Const SWP_NOREDRAW=&H8
Const SWP_NOACTIVATE=&H10
Const SWP_FRAMECHANGED=&H20          ' The frame changed: send WM_
                                       NCCALCSIZE
Const SWP_SHOWWINDOW=&H40
Const SWP_HIDEWINDOW=&H80
Const SWP_NOCOPYBITS=&H100
Const SWP_NOOWNERZORDER=&H200        'Don't do owner Z ordering
```

从符号常量不难判断：将 hwndInsertAfter 设为-1(或更显得专业，用 HWND_TOPMOST，不过要把常量定义拷贝到程序中)时窗口就会置于顶层，设为-2 时又恢复正常。现在，解决窗口置顶层问题就简单了：只要在窗体上加一个复选框 Check1(如 ☑ **置顶层**)，再加上以下事件过程，就解决了。

```
Private Sub Check1_Click()
  SetWindowPos Me.hwnd,IIf(Check1.Value,-1,-2),0,0,0,0,3
End Sub
```

有的 API 函数的参数类型不知道是怎样定义的，以 GetCursorPos 函数(取光标位置)为例，声明语句为：

```
Declare Function GetCursorPos Lib "user32" Alias "GetCursorPos" (lpPoint As
POINTAPI)As Long
```

该函数只有一个参数 lpPoint，类型为 POINTAPI，什么意思？用同样方法可以在“Win32API.txt”文件中找到 POINTAPI 类型的定义：

```
Type POINTAPI
    x As Long
    y As Long
End Type
```

lpPoint 是 ByrRef(传址)参数，是函数返回多个值的一种手段。lpPoint . x 和 lpPoint . y 就是返回的光标位置的坐标。调用该函数前要把这个定义复制到标准模块中，如果复制到窗体的代码模块，要用 Private。例如，在窗体模块中输入如下代码：

```
Private Declare Function GetCursorPos Lib "user32" (lpPoint As POINTAPI) As_
Long
Private Type POINTAPI
    x As Long
    y As Long
End Type
'单击窗体任何位置，将显示单击点的坐标
Private Sub Form_Click()
    Dim p As POINTAPI              '定义一个 POINTAPI 类型的变量
    GetCursorPos p                 '调用 GetCursorPos 函数
    Print p.x, p.y                 '显示返回的光标坐标
End Sub
```

有的程序会出现自己设计的光标图形，多半要用到这个函数。因为还需要其他 API 函数配合，这里就不多讲了。

第四节　打包发布

编写程序并非为自己专用，为了使编写的程序能够发挥更大效益，就要变成一个软件发布出去，供其他人使用。

在 IDE 窗口中写好程序，调试通过，再执行"文件"→"生成"菜单命令，编译生成一个可执行的.exe 文件。这个 exe 文件在本机执行一般没有问题，如果拷贝到其他机器，特别是未安装 VB 的机器，很可能无法执行。这是因为程序执行时往往需要调用其他文件，如.dll 文件（动态连接库文件）。什么叫动态连接？那就是程序需要的部分过程、代码就在某个.dll 文件中，并没有在编译时加入（或称静态连接）到可执行文件。程序执行时如果要执行这个过程，才把这部分代码从.dll 文件读出来，放在内存中，再调用。这就是动态连接。实现动态连接是操作系统的职责，无需我们操心。可是，如果那台机器上没有程序需要的.dll 文件，操作系统就无能为力了！当然也还有其他问题，如需要连接的对象、资源等。

为了让我们的程序成为一个软件"发布"出去，即能安装到其他机器上，就要"打包"，也就是将所有程序执行需要的文件，包括 exe 文件、dll 文件、ocx 文件等集中打包、压缩，再加上安装（Setup）和卸载程序与有关信息。

打包发布步骤：

①在程序启动菜单"Microsoft Visual Basic 6.0 中文版工具"子菜单下选择"Package & Deployment 向导"（见图 11－3），启动"打包和展开向导"。向导会引导用户一步步完成以下操作过程，直至完成。

②选择工程文件，如图 11－6 所示。

③单击"打包"按钮，在显示的"包类型"对话框中选择"标准安装包"，然后单击"下一步"按钮。

④选择存放"包"的文件夹。该文件夹所有文件即可用于发布。

⑤选择压缩成单个或多个文件，一般选择压缩成单个文件。

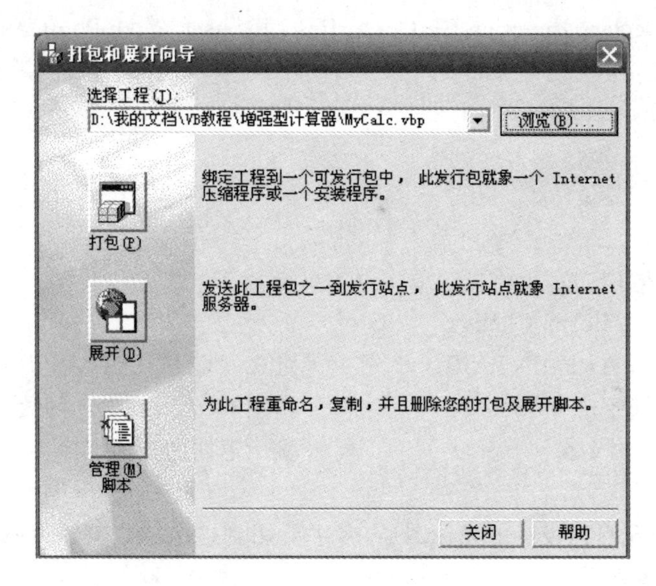

图 11 - 6 “打包”向导

⑥在一个对话框中输入安装程序标题。

⑦选择安装位置。

⑧选择共享文件。

⑨开始打包压缩，完成后显示安装报告。保存安装报告，可以供安装者参考。

用于发布的文件可以再用压缩软件把它们压缩成单一文件，放在网上供他人下载。

第十二章　应 用 实 例

学习程序设计必须动手编写程序。如果有一个创意，并希望用程序来实现，又不知道从何入手，不妨多阅读一些程序实例，提高编程技巧。本章精选本人自己编写的一些程序实例供参考，希望大家通过实例学习加深对 VB 各种功能的理解。这些程序都经过反复调试，但不能保证完全没有问题，希望批评指正。为了学习方便，实例从简单到复杂顺序安排，尽可能详细加以注释和说明。

第一节　收款机模拟程序

【程序功能】顾客在超市购若干商品，到收款处交款，收银员在文本框中每输入一种商品的单价和数量，就单击一次"添加"按钮，右边图片框就会显示一行，输入完所有商品后单击"下一位"按钮，将在消息框显示商品种数和总价，如图 12－1 所示。单击消息框的"确定"按钮后，"累计"复零，清除图片框，以便接待下一位顾客。

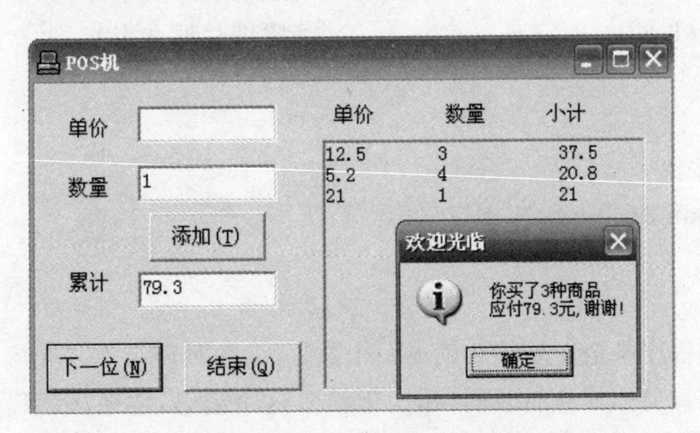

图 12－1　收款机模拟程序

【知识点】文本框、图片框的用途；Print 语句；用消息框输出信息。

【界面设计】在窗体中加入 3 个文本框 txtDj(单价)、txtSl(数量)、txtLj(累计)；3 个按钮 cmdTj(添加)、cmdNext(下一位)、结束(cmdEnd)；4 个标签和一个图片框。

【代码】

```
Dim a As Integer                        '商品种数
Private Sub Form_Load()
    txtDj. Text=""                      '清空单价文本框
```

```
    txtSl.Text=1                          '数量默认为 1
    txtLj.Text=0                          '清空累计文本框
    txtLj.Locked=True                     '累计文本框仅用于输出显示
End Sub
'"添加"按钮
Private Sub cmdTj_Click()
    txtLj.Text=Val(txtLj.Text)+Val(txtDj.Text) * Val(txtSl.Text)
    Picture1.Print txtDj.Text; Tab(12); txtSl.Text; Tab(23); _
    Val(txtDj.Text) * Val(txtSl.Text)
    a=a+1
    txtDj.Text=" "
    txtSl=1
    txtDj.SetFocus                        '焦点到单价文本框
End Sub
'"下一位"按钮
Private Sub cmdNext_Click()
    r=MsgBox("你买了" & a & "种商品" & vbCrLf & _
    "应付" & txtLj & "元,谢谢!",vbInformation,"欢迎光临")
    txtDj.Text=" "                        '清空"单价"文本框
    txtSl=1                               '数量默认为 1
    txtLj=0                               '清空"累计"文本框
    Picture1.Cls                          '清除图片框文字
    a=0
End Sub
'"结束"按钮
Private Sub cmdEnd_Click()
    End
End Sub
```

超市里的收款程序是把商品信息做成一个数据库,每种商品有一个唯一的编码,即贴在商品上的条码。收款员扫描商品条码,相当于输入这个编码,程序从远程数据库(放在一个服务器里)中按编码查找并读出该商品的记录,包括商品名、单价、总量等,计算结果送打印机。收款后程序还要把有关数据写入数据库,以便汇总、记账等。如果是小超市,只有一台联机的 POS 机,数据库可以放在本机上。

第二节　倒计时牌程序

【程序功能】迎接港澳回归、奥运、世博都会建立倒计时牌。下面的奥运倒计时牌现在已经过时,但程序原理是一样的。

【知识点】无框窗体、窗体的背景图片和日期时间函数与运算。

【界面设计】先制作窗体的背景图片。图 12－2 中除了时间部分都是背景。天数、时数、分钟数和秒数用 4 个标签显示。设置窗体的两个属性：BorderStyle 属性设为 0－None(没有边框)，Picture 属性设为自己制作的图片文件。另外，必须有一个定时器，将其 Interval 属性设为 1 000(毫秒)。

图 12－2　奥运倒计时牌

【代码】

```
'定义两个变量：d（双精度浮点型)和 k(整型)：
Dim d As Double,k As Integer
Const OlympicDay＝＃8/8/2008 8:08:00 PM＃      '奥运开幕日期、时间
'双击窗体时结束程序运行，因为窗体没有边框，不好关闭
Private Sub Form_DblClick()
  End
End Sub
'定时器每隔 1 秒发生一次 Timer 事件，执行以下过程，显示倒计时事件
Private Sub Timer1_Timer()
  d＝OlympicDay－Now()                        '计算倒计时时间，暂存变量 d 中
  k＝Int(d)                                   '取其整数部分(天数)
  Label1.Caption＝k                           '显示在第一个标签控件上
  d＝d－k                                     '取小数部分(用于计算时、分、秒)
'用函数将 d 分解成时、分、秒显示在另外 3 个标签控件上
  Label2.Caption＝Hour(d)
  Label3.Caption＝Minute(d)
  Label4.Caption＝Second(d)
End Sub
```

窗体的形状也可以显得很有个性，不过需要使用 API 函数。

第三节　设置字体、字形程序

【程序功能】用单选按钮和复选框选择文本框的字体、字号、字形，用 3 个滚动条选择文本框的前景色和背景色的三基色。

【知识点】框架、单选按钮、复选框、滚动条的应用，RGB 颜色函数。

【界面设计】窗体中加入一个文本框，4 个框架。第一个框架中加入 4 个单选按钮(数组

opZt)用于选择字体;第二个框架中加入 4 个单选按钮(数组 opZh)用于选择字号;第三个框架中加入 4 个复选框(数组 ckZx)用于选择字形;第四个框架中加入 3 个水平滚动条(数组 hsYs)用于选择颜色,3 个标签(数组 lbYs)用于显示基色值,两个单选按钮(数组 opQb)用于选择前景色或背景色。另外,退出按钮的 Style 属性设为 1—Graphical,并设置其 Picture 属性,如图 12-3 所示。为简化代码,单选按钮、复选按钮、滚动条都采用控件数组。

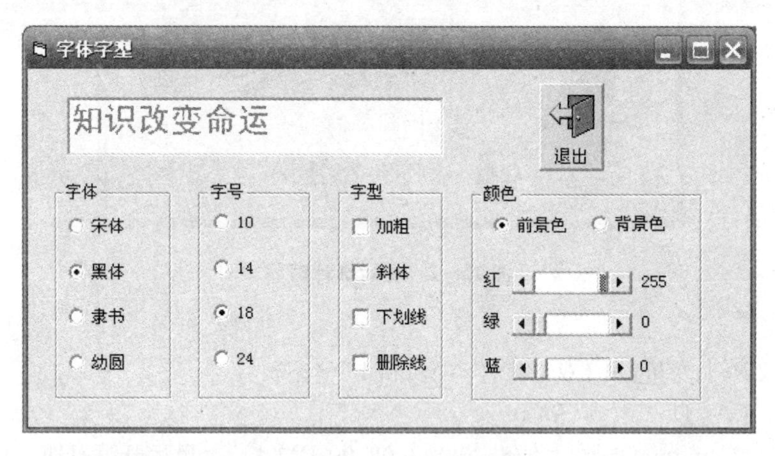

图 12-3　字体、字形选择程序界面

【代码】

```
'选择字形
Private Sub ckZx_Click(Index As Integer)
    Text1.FontBold=ckZx(0).Value                    '粗体
    Text1.FontItalic=ckZx(1).Value                  '斜体
    Text1.FontUnderline=ckZx(2).Value               '下划线
    Text1.FontStrikethru=ckZx(3).Value              '删除线
End Sub
'"退出"按钮
Private Sub Command1_Click()
    End
End Sub
'改变颜色滚动条
Private Sub hsYs_Change(Index As Integer)
    Dim Color As Long
    lbYs(Index).Caption=hsYs(Index).Value           '显示基色值
    Color=RGB&(hsYs(0).Value,hsYs(1).Value,hsYs(2).Value)
'根据选择的前景色或背景色改变文本框的颜色
    If opQb(0).Value Then
      Text1.ForeColor=Color
    Else
      Text1.BackColor=Color
```

```
    End If
End Sub
'选择字体
Private Sub opZt_Click(Index As Integer)
   Text1.FontName=opZt(Index).Caption
End Sub
'选择字号
Private Sub opZh_Click(Index As Integer)
   Text1.FontSize=opZh(Index).Caption
End Sub
```

第四节　加法测验程序

【程序功能】用随机函数出10个两位数加法题，每题10分，每显示一题回答一题，然后判题，最后给出总分和评语。程序界面如图12-4(a)所示，运行情况如图12-4(b)所示。

【知识点】随机函数、列表框、动态改变命令按钮的Caption属性和Enabled属性、焦点。

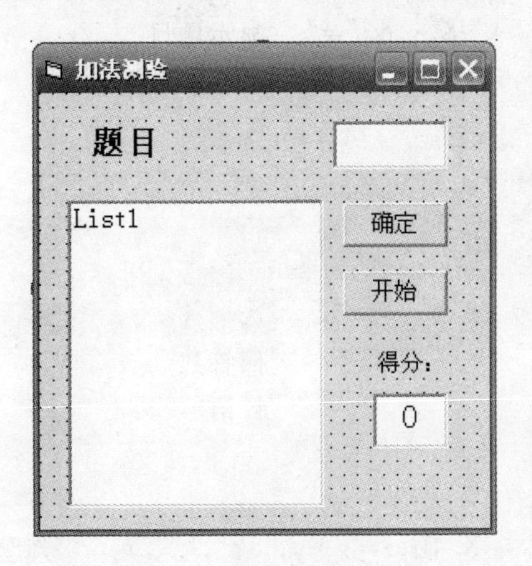

(a)设计界面

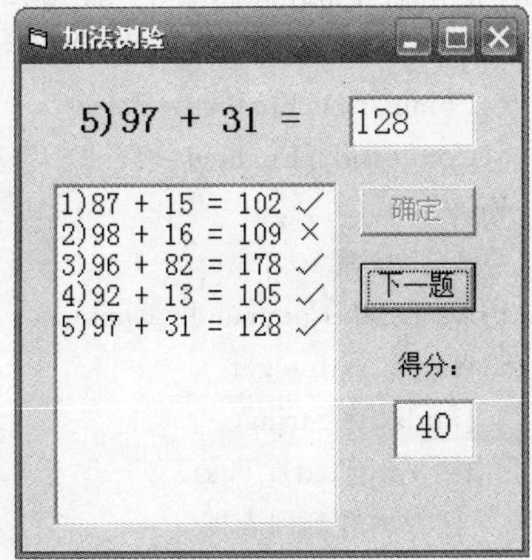

(b)运行情况

图12-4　加法测验程序

【界面设计】用1个标签显示题目，1个文本框用于输入答案，答案输入后回车或单击“确定”按钮确认。设置1个命令按钮用于命题，程序启动时按钮表面显示“开始”，以后显示“下一题”，答完10题后显示“重来”。1个列表框用于保存每题的题目、答题数和判题。1个文本框动态显示得分情况。适当改变焦点，可以只在小键盘上操作。

【代码】

```
Option Explicit                          '变量必须先声明
Dim x As Integer                         '加数
Dim y As Integer                         '被加数
Dim Score As Integer                     '得分
```

```
Dim i As Integer                                        '题号
'窗体加载时
Private Sub Form_Load()
  Text2.Locked=True                                     '不能在得分文本框中输入
  Randomize
End Sub
'命题按钮
Private Sub Command1_Click()
  If i=0 Then                                           '开始时
     List1.Clear                                        '清除列表框
     Score=0                                            '得分
     Text2.Text="0"                                     '得分文本框
  End If
  i=i+1
  x=Int(Rnd * 90)+10                                    'x 和 y 都是两位数
  y=Int(Rnd * 90)+10
  Label1.Caption=i & ")" & x & "+" & y & "="            '显示题目
  Text1.Text=""                                         '清空答题框
  Command1.Enabled=False
  Command2.Enabled=True
End Sub
'"确定"按钮
Private Sub Command2_Click()
  Dim z As Integer                                      '回答数
  Dim s As String                                       '评语
  z=Val(Text1.Text)
  '保存本题到列表框
  List1.AddItem Label1.Caption & z & IIf(z=x+y," √"," ×")      '判题
  If z=x+y Then Score=Score+10                          '计分
  Text2=Score
  Command1.Enabled=True
  Command2.Enabled=False
  If i=10 Then
    Select Case Score
      Case Is < 60
        s="不及格,遗憾!"
      Case Is < 70
        s="及格,还要努力啊!"
      Case Is < 90
```

```
            s="良好,还要争取更好!"
        Case Else
            s="优秀,祝贺你!"
        End Select
        MsgBox s,vbInformation,"成绩"
        Command1.Caption="重来"
        i=0                                        '准备重来
        Command1.SetFocus
    Else
        Command1.Caption="下一题"
    End If
    Command1.SetFocus
End Sub
'输入答案后也可回车确定
Private Sub Text1_KeyPress(KeyAscii As Integer)
    If KeyAscii=13 Then Command2_Click
End Sub
```

第五节 动画演示地球绕太阳转、月亮绕地球转程序

【程序功能】地球绕着太阳转,月亮绕着地球转,用动画演示。

【知识点】图像控件应用与动画、定时器、坐标系、Pset 方法的应用。

【界面设计和思路】为美观起见,窗体背景采用蓝天白云图片作为其 Picture 属性,3 个图像控件各代表太阳、地球和月亮,使用的图片可以自己制作。一个定时器。程序运行情况如图 12-5 所示。为便于计算地球和月亮的运行轨道,定义坐标系,并将太阳中心移动到原点。为使运行比较平稳,定时器的 Interval 属性设为 50(1/20 秒),在 Timer 事件过程中计算地球和月亮的位置,并移动到计算位置。

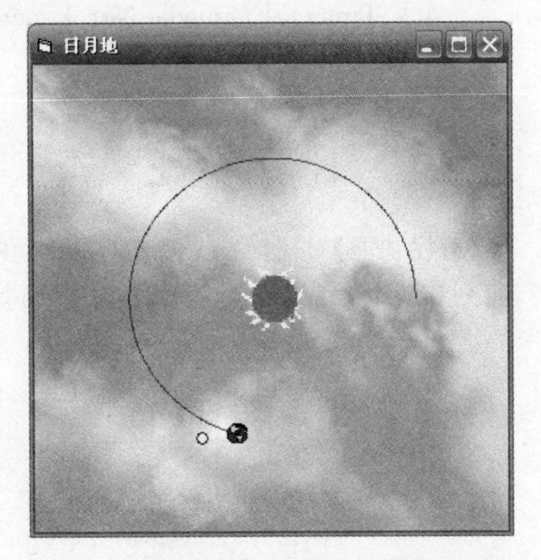

图 12-5 地球绕着太阳转,月亮绕着地球转

计算地球和月亮位置时要注意 x 和 y 是图像框左上角的坐标。

【代码】

```
Const pi=3.1415926
Const p=pi / 180                    '每度弧度
Const R=1.2                         '新坐标系下太阳与地球的距离
Const em=0.3                        '新坐标系下月亮与地球的距离
Dim rSun As Single                  '太阳半径
```

```
Dim rEeath As Single                         '地球半径
Dim rMoon As Single                          '月亮半径
'定义坐标系,太阳、月亮、地球到位
Private Sub Form_Load()
    Scale (-2,2)-(2,-2)
    rSun=Sun.Width / 2                       '计算太阳半径
    rMoon=Moon.Width / 2                     '计算月亮半径
    rEeath=Earth.Width / 2                   '计算地球半径
    Sun.Move-rSun,rSun                       '太阳移到中心位置
End Sub
'不断计算地球和月亮的位置,用 Move 方法移动
Private Sub Timer1_Timer()
    Static d As Single                       '地球与 x 轴的夹角
    Earth.Move R * Cos(d * p)-rEeath,R * Sin(d * p)+rEeath  '地球运行
'1 年 12 个月,地球运行 1 圈,月亮绕地球运行 12 圈
    Moon.Move R * Cos(d * p)+em * Cos(12 * d * p)-rMoon,_
    R * Sin(d * p)+em * Sin(12 * d * p)+rMoon     '月亮运行
    PSet (R * Cos(d * p),R * Sin(d * p)),vbBlue   '画出地球运行轨迹
    d=d+0.5                                  '加 0.5 度
End Sub
'单击窗体可暂停运行或继续运行
Private Sub Form_Click()
   Timer1.Enabled=Not Timer1.Enabled
End Sub
```

第六节　魔方阵程序

【程序功能】对任何一个奇数 n,可以在一个 $n\times n$ 的矩阵中填入 1 到 n^2 的自然数,使每行每列和两个对角线的 n 个数之和相同,如图 12-6 所示。

8	1	6	= 15
3	5	7	= 15
4	9	2	= 15

15 15 15 15 15

$n=3$

17	24	1	8	15	= 65
23	5	7	14	16	= 65
4	6	13	20	22	= 65
10	12	19	21	3	= 65
11	18	25	2	9	= 65

65 65 65 65 65 65 65

$n=5$

图 12-6　魔方阵规则示意

编写程序,对给出的奇数 n,画出一个 $n\times n$ 方阵,并演示如何填写其中的数字。

【知识点】动态数组、绘图方法、算法、字符高度和宽度。

【填写规律】以 $n=5$ 为例，用下面规则填写：

(1)从第一行中间单元开始，填 1。

(2)下一个数应该填在“右上”单元。第一行的“上面”是最后一行，最后一列的“右边”是第一列，填写 2、3、4、5 没有问题。

(3)如果“右上”单元已经有数字，下一个数就填在下面单元，如 6、11、16、21。

(4)最后一个数字($n^2=25$)肯定在最下面一列的中间位置。

【算法和难点】

(1)使用一个 $n \times n$ 的二维数组 $a(i,j)$。因为 n 要在程序运行后指定，所以要用动态数组。

(2)按以上规则从 1 开始到 n^2 对数组赋值：

- 开始单元的下标为：$i=0, j=n \setminus 2$（整除！），赋值 1。
- 按规则求接收下一个数的元素下标。先求“右上”单元的下标 i、j，如果 $a(i,j)>0$（已经有数字），再求下面那个单元的下标，然后赋值。

(3)每次赋值时要计算窗体上的打印位置，并在那里打印数字。难点：为达到美观效果，字符大小、单元格高度和宽度、精确的打印位置（中心对齐）、窗体宽度都要根据 n 进行计算。

(4)为了演示，每次打印后要延时，延时时间能够动态改变，也能暂停。程序运行情况如图 12-6 所示。$n=9$，单击“生成”按钮，开始填写数字，中途可以暂停，可以调整速度。暂停时也可以进行校验，计算各行、各列和对角线的和，因为未填完，各行、各列和对角线的和不相同。

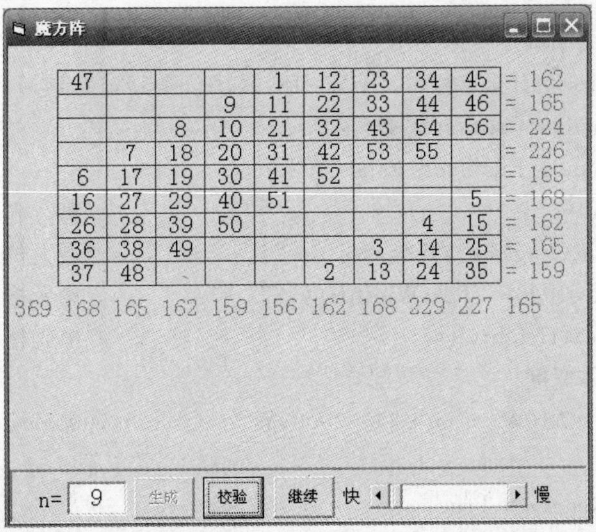

魔方阵

47				1	12	23	34	45	= 162
			9	11	22	33	44	46	= 165
		8	10	21	32	43	54	56	= 224
	7	18	20	31	42	53	55		= 226
6	17	19	30	41	52				= 165
16	27	29	40	51				5	= 168
26	28	39	50				4	15	= 162
36	38	49				3	14	25	= 165
37	48				2	13	24	35	= 159

369 168 165 162 159 156 162 168 229 227 165

n= 9 生成 校验 继续 快 慢

图 12-7 生成时半途暂停，校验，计算各行、各列和对角线的和

(5)要允许改变窗体大小。为了使窗体大小改变时下面控件始终“停靠”在窗体下边界，将它们放在一个图片框内，并将图片框的 Align 属性设为 2—Align Bottom。

【代码】

```
Option Explicit
Dim a() As Integer                    '动态数组，将存放 1 到 n * n 的自然数
```

```
Dim n As Integer                              '行数和列数
Dim go As Boolean                             '运行标记
Dim sm As Integer                             '每行和
Dim dw As Integer                             '最大位数
Dim W As Single                               '单元格宽度
Dim H As Integer                              '单元格高度
'置运行标记
Private Sub Form_Load()
  go=True
End Sub
'"生成"按钮
Private Sub Command1_Click()
    Dim i As Integer,j As Integer,k As Integer
    Dim w1 As Single                          '用于中心对齐计算
    n=Text1.Text
    If n Mod 2 <>1 Or n < 3 Or n>31 Then      '检查 n 的有效性
       MsgBox "n 必须是奇数,且 3<=n<=31",vbCritical,"警告"
       Text1.SetFocus                         '让重新输入 n
       Exit Sub
    End If
  '根据 n 大小调整字体大小
    FontSize=IIf(n>22,7,IIf(n>18,9,IIf(n>11,12,14)))
    Command3.Caption="暂停"
    Command1.Enabled=False
    sm=n * (1+n * n)/ 2                       '每行和
    dw=Int(Log(sm)/ Log(10))+1                '最大位数
    W=(dw+1) * TextWidth("@")                 '单元格应宽
    H=TextHeight("@")                         '单元格应高
  '调整窗体宽度
    Width=IIf(W * (n+3)>7000,W * (n+3),7000)
  '画方阵
    AutoRedraw=True
    Cls
    ForeColor=vbBlue                          '蓝色画框线
    For i=0 To n
       Line (W,H * (i+1))-(W * (n+1),H * (i+1))
       Line (W * (i+1),H)-(W * (i+1),H * (n+1))
    Next i
    ReDim a(n-1,n-1)                          '定义数组大小
```

```
        i=0: j=n \ 2                                          '开始单元下标
        ForeColor=vbBlack                                     '黑色填数字
        '填写
        For k=1 To n * n
            a(i,j)=k
            w1=TextWidth("@") * (dw-1.8-Int(Log(k)/ Log(10)))/ 2
            CurrentX=W * (1+j)+w1
            CurrentY=H * (i+1)
            Print k
            Delay '延时
            '下一个单元下标
            i=(i-1+n)Mod n
            j=(j+1)Mod n
            If a(i,j)<>0 Then                                 '如果已经有数字
                i=(i+2)Mod n
                j=(j-1+n)Mod n
            End If
        Next k
        Command1.Enabled=True
End Sub
'"校验"按钮
Private Sub Command2_Click()
        Dim i As Integer,j As Integer,s As Integer
        ForeColor=vbRed                                       '红色显示校验数
        AutoRedraw=False                                      '可擦除
        For i=0 To n-1                                        '求各行之和并显示
          s=0
          For j=0 To n-1                                      '求一行之和
            s=s+a(i,j)
          Next j
          CurrentX=W * (n+1.1)
          CurrentY=H * (i+1)
          Print "="; s
        Next i
        s=0
        For i=0 To n-1                                        '求上对角线之和
          s=s+a(i,n-1-i)
        Next i
        CurrentX=-TextWidth("@")/ 2
```

```
    CurrentY=H * (n+1.5)
    Print s;                                    '显示上对角线之和
    For j=0 To n-1                              '求各列之和并显示
        s=0
        For i=0 To n-1
            s=s+a(i,j)
        Next i
        CurrentX=W * (j+1)-TextWidth("@")/ 2
        Print s;
    Next j
    s=0                                         '求下对角线之和
    For i=0 To n-1
        s=s+a(i,i)
    Next i
    CurrentX=W * (n+1)-TextWidth("@")/ 2
    Print s;                                    '显示下对角线之和
End Sub
'"暂停/继续"按钮
Private Sub Command3_Click()
    go=Not go
    If go Then
        AutoRedraw=False
        Cls                                     '清除校验数
        ForeColor=vbBlack
        Command3.Caption="暂停"
        AutoRedraw=True
    Else
        Command3.Caption="继续"
        Do
            DoEvents                            '允许响应其他事件
        Loop Until go
    End If
End Sub
'延时
Public Sub Delay()
    Dim i As Single,g As Long
    g=HScroll1.Value                            '根据快慢滚动条值调整
    Me.Refresh
    For i=0 To g Step 0.5                       '延时
```

```
        i=i
        DoEvents                          '允许响应其他事件
    Next i
End Sub
```

第七节 汉诺塔程序

【程序功能】演示汉诺塔问题的解法。这是一个递归过程的经典例子。汉诺塔又称梵塔。传说印度有一座古庙,大殿上竖着3根同样的圆杆,第一根圆杆上插着64个大小不同的圆盘,大的在下面,小的在上面。老和尚圆寂前为了修炼小和尚的功夫,让他们把第一根圆杆上的64个圆盘移动到第三根圆杆上。移动规则:

(1)每次只能移动一个圆盘;

(2)圆盘可以移动到任何一根杆子上;

(3)任何一根杆子上的圆盘,大的不能压在小的上面。

【知识点】递归过程,图形控件、滚动条等控件的用法,动态数组,Doevents语句。

【界面设计】程序运行界面如图12-8所示。

【思路】(1)圆盘用形状控件数组(元素个数根据盘数生成),圆杆用直线控件数组;

(2)用Move方法移动圆盘;

(3)编写通用过程:

- Sub PanMove(x,y)从第x杆移动一个盘子到第y杆,用动画演示。
- Sub Hanoi(n,u,v,w)按规则将n个盘从第u杆移动到第w杆,用到第v杆。这是一个递归过程:

```
Public Sub Hanoi(n As Integer,u As Integer,v As Integer,w As Integer)
    If n=1 Then
        PanMove u,w            '只剩一个盘时很简单
    Else
        Hanoi n-1,u,w,v        '按规则将上面n-1个盘从第u杆移动到第v杆
        PanMove u,w            '移动n个盘中最下面一个
        Hanoi n-1,v,u,w        '按规则将第v杆上的n-1个盘移到第w杆
    End If
End Sub
```

例如调用这个过程:

Hanoi 6,1,2,3

就能演示6个盘按规则从第1杆最终移动到第3杆的动画。

(4)实现的关键是PanMove(x,y)过程动画演示。为此需要考虑:

- 移动路径先往上,再水平,再往下。
- 每个杆子上的盘子数是动态变化的,所以要用一个数组pn保存每个杆子上的盘子数,才能移动到位。
- 为了提高移动效果,移动速度应该可控,也能暂停。用一个滚动条控制移动速度。

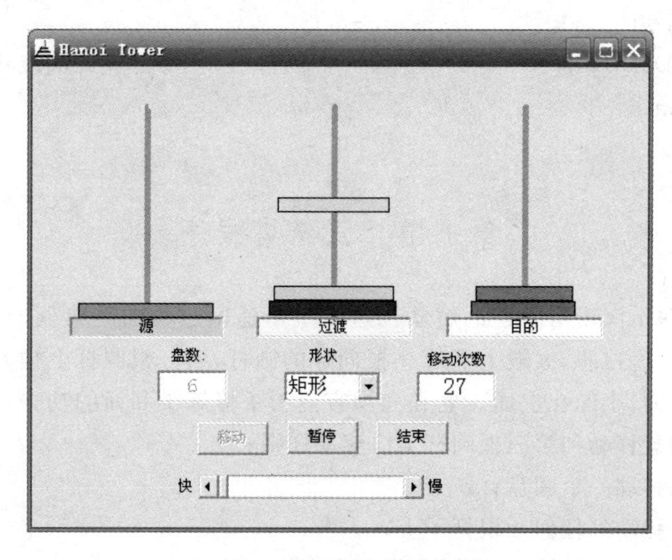

图 12-8　汉诺塔程序运行情况

【代码】

```
Option Explicit
Option Base 1
Dim Hi As Integer                 '杆高
Dim go As Boolean                 '暂停/继续状态
Dim N As Integer                  '盘数
Dim HiPan As Integer              '盘高
Dim botm As Integer               '杆底
Dim Totop As Integer              '移动到最高位置
Dim b(3)As Integer                '状态,b(1)为源杆号,b(2)为过渡杆号,b(3)
                                  为目的杆号
Dim pn(3)As Integer               '杆子上的盘子数
Dim h()As Integer                 '二维动态数组 h(i,n),i 为动态杆号,n 为该
                                  杆盘子数
Dim moving As Integer             '移动盘下标
Dim v As Integer                  '速度
Dim c As Integer                  '移动次数
'设置初值
Private Sub Form_Load()
  HiPan=pan(1).Height             '盘高
  Hi=Line1(1).Y1-Line1(1).Y2      '杆高
  botm=Line1(1).Y1                '最低位
  Totop=Line1(1).Y2-HiPan         '最高位
  b(1)=1: b(2)=2: b(3)=3          '起始状态,1 杆为源,2 杆过渡,3 杆为目的
```

```
    N=1
    Combo1.ListIndex=0                          '形状
End Sub
'输入盘数后回车,生成其他圆盘
Private Sub Text1_KeyPress(KeyAscii As Integer)
    Dim k As Integer
    If KeyAscii=13 Then
      N=Val(Text1.Text)
      If N>16 Or N < 2 Then
          MsgBox "盘数最多 16 个,至少 2 个!",vbExclamation,"注意"
          Exit Sub
      End If
      If HiPan * N>Hi * 9 / 10 Then
          pan(1).Height=Hi * 9 / 10 / N
          HiPan=pan(1).Height
      End If
'生成其他圆盘
    For k=2 To N
        Load pan(k)
        With pan(k)                             '设置属性
            .Width=pan(k-1).Width-100           '一个比一个小
            .Left=pan(k-1).Left+50              '中心对齐
            .Top=pan(k-1).Top-HiPan             '放在前一个上面
            .FillColor=QBColor((k+7)Mod 16)     '加色
            .ZOrder 0                           '放在杆子前面
            .Visible=True
        End With
      Next k
      Text1.Enabled=False                       '防止再输入盘数
      pn(1)=N                                   '第一杆盘数
      ReDim h(3,N)                              '给动态数组定义维数和元素数
      For k=1 To N
          h(1,k)=k                              '第一杆上各圆盘的盘号
      Next k
      cmdMove.Enabled=True                      '可以移动了!
    End If
End Sub
'"移动"按钮
Private Sub cmdMove_Click()
```

```
    Dim k As Integer
    cmdGo.Enabled=True
    go=True
    cmdMove.Enabled=False
    v=HScroll1.Value                                  '取速度
'标记各杆的角色
    Label2(b(1)).Caption="源"
    Label2(b(1)).BackColor=vbGreen
    Label2(b(2)).Caption="过渡"
    Label2(b(2)).BackColor=vbYellow
    Label2(b(3)).Caption="目的"
    Label2(b(3)).BackColor=vbWhite
    c=0                                               '移动次数
    Hanoi N,b(1),b(2),b(3)                            '全为此举!完成N个盘的移动
                                                       动画过程
    k=b(3):b(3)=b(2):b(2)=b(1):b(1)=k                 '准备再次移动
    cmdMove.Enabled=True
End Sub
'"形状"选择下拉框
Private Sub Combo1_Click()
    Dim k As Integer
    For k=1 To N
    '选择形状,Shape属性有6种,只选3种:0—形,2—椭圆,4—圆角矩形
        pan(k).Shape=2 * Combo1.ListIndex
    Next k
End Sub
'实际移动圆盘。参数ver为移动方向:-1向上,0向左,1向下,2向右
'参数des为目标位置,上下移动时为y坐标,水平移动时为x坐标
Public Sub mo(ver As Integer,des As Integer)
    If ver=-1 Or ver=1 Then                           '上下移动
        Do
            pan(moving).Top=pan(moving).Top+ver
            wait v                                    '延时
        Loop Until pan(moving).Top=des
        Else
        Do                                            '水平移动
            pan(moving).Left=pan(moving).Left+ver-1
            wait v
        Loop Until pan(moving).Left=des
```

```
    End If
    DoEvents                                   '允许响应其他操作,如暂停、改
                                               变速度等
End Sub
'从柱 x 移动 1 个盘到柱 y
Public Sub PanMove(x As Integer,y As Integer)
    Dim a As Integer,b As Integer
    a=pn(x)                                    'x 杆盘数
    b=pn(y)                                    'y 杆盘数
    moving=h(x,a)                              '移动盘下标
    mo-1,Totop                                 '向上
    mo IIf(y>x,2,0),pan(moving).Left+Line1(y).X1-Line1(x).X1  '水平
    mo 1,botm-(b+1) * HiPan                    '向下
    pn(x)=a-1
    pn(y)=b+1
    h(y,b+1)=moving                            'y 杆最上面盘的下标
    c=c+1
    Label7.Caption=c                           '显示次数
    Refresh                                    '刷新画面
End Sub
'递归过程
Public Sub Hanoi(N As Integer,u As Integer,v As Integer,w As Integer)
    If N=1 Then
        PanMove u,w                            '只移动一个盘,递归结束
    Else
        Hanoi N-1,u,w,v                        '移动 n-1 个盘,访问过程自己
        PanMove u,w                            '移动第 n 个盘
        Hanoi N-1,v,u,w                        '再移动 n-1 个盘
    End If
End Sub
'"暂停/继续"按钮
Private Sub cmdGo_Click()
    go=Not go
    If go Then
        cmdGo.Caption="暂停"
    Else
        cmdGo.Caption="继续"
        Do                                     '等待
            DoEvents                           '允许响应其他操作
```

```
        Loop Until go
      End If
    End Sub
    '速度控制滚动条
    Private Sub HScroll1_Change()
      v=HScroll1.Value
    End Sub
    '延时
    Public Sub wait(ByVal t As Long)
       Do While t>0
         t=t-1
       Loop
    End Sub
    '"结束"按钮
    Private Sub cmdNext_Click()
       End
    End Sub
```

第八节　多功能计算器程序

【程序功能】除了一般计算器功能外，增加单位换算功能。

【知识点】数组赋初值、控件数组的应用、算法。

【界面设计】如图 12-9 所示，窗体左边为一般计算器，右边为单位换算。计算器部分有 10 个数字键、1 个"+/-"(改变符号)键和小数点键，它们共同组成一个命令按钮数组，12 个运算键组成另一个命令按钮数组，在设计阶段都只有一个下标为 0 的元素，程序启动后自动生成其他元素并排列整齐。单位换算部分的 10 个单位类型按钮不是命令按钮，而是单选

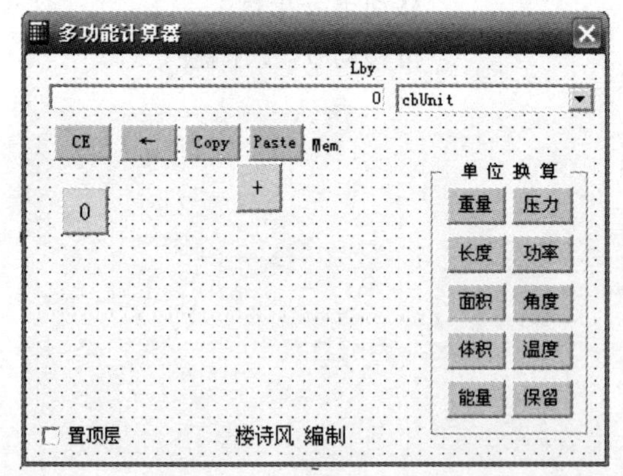

(a)设计阶段

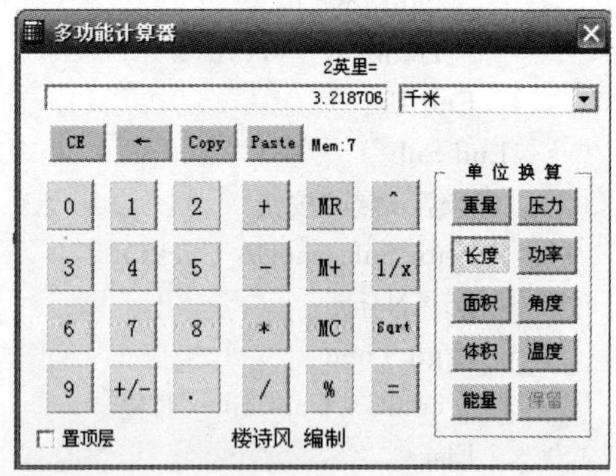

(b)运行阶段

图 12-9　多功能计算器

按钮,只是其 Style 属性已设为 1—Graphic,并组成一个单选按钮数组(也可动态生成,不过没有这样做)。窗体最上面有一个标签(Lby),用于单位换算显示或运算中间结果,右上的下拉框用于选择单位。选择单位类型时(如图中的"长度"),将该类各种单位名称(如米、千米、英寸、英里等)加入到这个下拉框中。操作时先选择要转换的单位(例如英里),再用数字键输入数值(例如 2),然后选择要转换成什么单位(例如千米),就会立即显示结果。标签 Mem 用于显示记忆单元内容。

另外,如果选择"置顶层"复选框,则窗体不会被其他窗体遮挡。

【技术要点】(1)单位换算功能的关键在于各种类型、不同单位的变量名称和换算比例如何保存和使用。在"标准模块"一节中(实例 6 - 3)对本例已有说明,这里不再重复。

(2)输入时要区分当前状态,使用 3 个 Boolean 型变量:Dot 变量标记文本框中是否已有小数点,Z 变量标记是否要输入另一个数,Nt 变量(NoTrans)标记是否要进行换算(True 时不要换算)。Dot 为 True 时,忽略小数点按钮;二元运算符后面输入的是新数,所以要将 Z 设为 True;改变单位名称时要换算。

(3)温度换算有特殊算法,每种单位需要两个系数,一个附加值,一个比例系数,例如:

华氏度=32+(5/9) * 摄氏度

附加值为 32,比例系数为 5/9。

(4)窗口置顶层需要使用 API 函数。

(5)大量使用数组下标。在判断数字按键、运算按键和单位类型按键时都要使用控件数组的 Index 参数,在判断下拉框选择的单位名称时要使用它的 ListIndex 属性,在单位换算时更要用到单位名称数组和换算比例数组的下标。

【标准模块代码】

```
Option Explicit
'API 函数,置顶层需要
Public Declare Function SetWindowPos Lib "user32" (ByVal hwnd As Long,ByVal _
    hwndInsertAfter As Long,ByVal x As Long,ByVal y As Long,ByVal cx As_
    Long,ByVal cy As Long,ByVal wFlags As Long)As Long
Public Unit(9),Coef(9)          'Variant 型数组,每个元素都将变为一个数组
Sub Main()                      '主程序,从这里启动
'给数组赋值:unit()—单位名称,coef()—换算系数
'0—重量
    Unit(0)=Array("千克","吨","克","毫克","磅","盎司","斤","两")
    Coef(0)=Array(1#,1000#,0.001#,0.000001,0.45359,0.02835,0.5#,0.05#)
'1—长度
    Unit(1)=Array("米","千米","分米","厘米","毫米","英里","码","英尺",_
        "英寸","磅(point)","丈","尺","寸","海里")
    Coef(1)=Array(1#,1000#,0.1#,0.01#,0.001#,1609.353,0.9144#,_
        0.30483,0.0254#,0.0254#/72,10#/3,1#/3,0.1#/3,1852#)
'2—面积
    Unit(2)=Array("平方米","平方公里","公顷","平方厘米","英亩","平方码",_
```

```
            "平方英尺","平方英寸","亩","平方丈","平方尺","平方寸")
    Coef(2)=Array(1#,1000000,10000,0.00001,4047,0.8361,0.092903,_
            0.0006452,2000# / 3,100# / 9,1# / 9,0.01#/ 9)
  '3一体积
    Unit(3)=Array("升","立方米","立方厘米","立方毫米","英加仑","美加仑",_
            "英品脱","美蒲式耳","石","斗","升")
    Coef(3)=Array(1#,0.001#,0.000001,4.54596,3.78533,0.5683,35.2383,_
            100#,10#,1#)
  '4一能量
    Unit(4)=Array("焦耳","千瓦时","千克力米","卡","大卡")
    Coef(4)=Array(1#,3.6# * 106,9.80665,4.18675,4186.75)
  '5一功率
    Unit(5)=Array("千瓦","马力","英马力","千克力米/秒","瓦")
    Coef(5)=Array(1#,1#/1.36051,1#/1.34102,1#/0.00102,0.001#)
  '6一角度
    Unit(6)=Array("度","分","秒","弧度")
    Coef(6)=Array(1#,1#/60,1#/3600,45#/Atn(1))
  '7一温度
    Unit(7)=Array("℃一摄氏","F一华氏","K一开氏")
    Coef(7)=Array(0,1,32#,9#/5,273.15,1#)  '每种温度单位需要两个系数
  '8一压力
    Unit(8)=Array("帕(Pa)","千帕(KPa)","巴(Bar)","kgf/cm2",_
      "标准大气压(atm)","工程大气压(at)","托(Torr,mmHg)",_
      "Psi(lbf/in2)","达因/平方厘米(dyn/cm2)")
    Coef(8)=Array(1#,1000,100000,98070,101325,98066.5,133.322,6895,0.1#)
  '显示窗体
    Form1.Show
  End Sub
```

执行标准模块中的 Main 主程序后,Unit 数组各元素和 Coef 数组各元素都已是数组。

【窗体模块代码】

```
  Option Explicit
  Const H=500                                  '按钮高度
  Dim Dot As Boolean                           '小数点标记
  Dim Z As Boolean                             '是否输入新数标记
  Dim Nt As Boolean                            '不要换算标记
  Dim x As Double                              '文本框中的值
  Dim y As Double                              '运算的中间结果
  Dim Mem As Double                            '记忆单元
  Dim Op0 As String                            '本次运算符
```

```
Dim Ops As String                          '上次运算符
Dim L0 As Integer                          '单位名称下拉框原下标
Dim L1 As Integer                          '单位名称下拉框现下标
Dim Opt As Integer                         '换算类型数组下标
'启动时生成数字键数组和运算键数组,设置属性,并排列整齐
Private Sub Form_Load()
  Dim i As Integer
  For i%=1 To 11                           '生成数字键数组,并排列整齐
    Load Dig(i)
    Dig(i).Move H * 0.5+(i Mod 3) * (H * 1.3),2.5 * H+(i \ 3) *_
      (H * 1.2),H,H
    Dig(i).Visible=True
    Dig(i).Caption=i                       '设置 Caption 属性
  Next i
    Dig(0).Move H * 0.5,2.5 * H,H,H        '移动 0 键
    Dig(10).Caption="+/-"                  '修改 Caption 属性
    Dig(11).Caption="."
    Dig(11).FontSize=16                    '放大小数点
  For i=1 To 11                            '生成数字键数组
    Load Op(i)
    Op(i).Move H * 4.5+(i Mod 3) * (H * 1.3),2.5 * H+(i \ 3) *_
      (H * 1.2),H,H
    Op(i).Visible=True
  Next i
  Op(0).Move H * 4.5,2.5 * H,H,H           '移动加号键到位
  Op(3).Caption="-"
  Op(6).Caption="*"
  Op(9).Caption="/"
  Op(1).Caption="MR"
  Op(4).Caption="M+"
  Op(7).Caption="MC"
  Op(10).Caption="%"
  Op(2).Caption="^": Op(2).FontSize=16     '放大幂运算符(^)
  Op(5).Caption="1/x"
  Op(8).Caption="Sqrt": Op(8).FontSize=8   '缩小字符 Sqrt(开方)
  Op(11).Caption="="
  Option1_Click (0)
  LbY=""
End Sub
```

```
'数字键、变号键和小数点键
Private Sub Dig_Click(Index As Integer)
  Select Case Index
    Case 0 To 9                                    '数字键
      If Z Then                                    '如果要输入新数
        Tx=0                                       '清除输入文本框
        Dot=False                                  '无小数点
        Nt=False                                   '以后遇到单位切换时要换算
      End If
      If Right(LbY,1)="=" Then LbY=""
      Tx=Tx & Dig(Index).Caption                   '加上输入字符
      If Not Dot Or Index>0 Then Tx=Val(Tx)  '防止输入 00 前缀
    Case 10                                        '+/-键,改变符号
      Tx=-Val(Tx)
    Case 11                                        '小数点键
      If Not Dot Then                              '没有小数点才加小数点
        Tx=Tx & "."
        Dot=True
      End If
  End Select
  Z=False                                          '继续输入时不要输入新数
End Sub
'运算键功能
Private Sub Op_Click(Index As Integer)
  x=Val(Tx)                                        '取输入文本框的值
  Op0=Op(Index).Caption                            '本次运算符
  Select Case Op0                                  '处理本次运算
    Case "MR"
      Tx=Mem                                       '读记忆单元
    Case "M+"
      Mem=Mem+x                                    '与输入文本框的数字相加
    Case "MC"
      Mem=0                                        '清除记忆单元
    Case "Sqrt"
      Tx=Sqr(Abs(Val(Tx)))                         '开方,负数取其绝对值再开方
    Case "1/x"
      Tx=IIf(Val(Tx)=0,0,1 / Val(Tx))             '求倒数,是 0 不变
    Case "+","-","*","/","%","^","="
      Select Case Ops                   '根据上次运算处理,计算结果保存到 y
```

```
        Case ""
            y=x
        Case "+"
            y=y+x
            Tx=y
        Case "-"
            y=y-x
            Tx=y
        Case "*"
            y=y * x
            Tx=y
        Case "/"
            y=y / x
            Tx=y
        Case "%"
            y=y Mod x
            Tx=y
        Case "^"
            y=y ^ x
            Tx=y
      End Select
   End Select
   Select Case Op0                              '再保存本次运算符
     Case "+","-","*","/","%","^"
       Ops=Op0                                  '保存本次运算符
       LbY=y & Ops                              '显示中间结果
     Case "="
       Ops=""
       LbY=LbY & x & "="                        '显示运算中间结果
   End Select
   Memo.Caption="Mem:" & Mem                    '显示记忆单元的值
   Z=True                                       '运算符后面输入另一个数
End Sub
'"CE"按钮清除输入文本框
Private Sub Command1_Click()
   Tx=0                                         '清除输入文本框
   y=0                                          '清除中间结果
   LbY=""                                       '清除被换算值
   Dot=False                                    '无小数点
```

```
End Sub
'"←"按钮删除一个输入字符
Private Sub Command2_Click()
  Tx=Left(Tx,Len(Tx)-1)
End Sub
'"Copy"将文本框内容拷贝到剪贴板
Private Sub Command3_Click()
  Clipboard.Clear
  Clipboard.SetText Tx.Text
End Sub
'"Paste"将剪贴板内容拷贝到输入文本框
Private Sub Command4_Click()
  Tx.Text=Val(Clipboard.GetText(vbCFText))
End Sub
'选择单位类型时,在下拉框中输入所选类型的所有单位名称
Private Sub Option1_Click(Index As Integer)
  Dim i As Integer
  cbUnit.Clear
  For i=0 To UBound(Unit(Index))              '加入该类所有单位名称
    cbUnit.AddItem Unit(Index)(i)
  Next i
  cbUnit.ListIndex=0                          '显示第一个单位名称
  Opt=Index                                   '保存所选类型下标
  Tx=1                                        '输入文本框内容自动变为1
  Z=True                                      '准备输入新数
  Nt=False                                    '以后要换算
    LbY=""
End Sub
'在下拉框中选择单位名称时,根据原单位和现单位进行换算
Private Sub cbUnit_Click()
  Dim a#,b#,c#,d#
  L1=cbUnit.ListIndex                         '单位名称下标
  If Not Nt Then                              '如果要换算
    LbY=Tx & cbUnit.List(L0)& "="             '在文本框上面显示被换算的值和单
                                              位(如:2英里=)
    Nt=True
  End If
'计算换算结果,并显示在文本框中
  If Opt <>7 Then                             '要换算的不是温度
```

```
    Tx=Tx * Coef(Opt)(L0)/ Coef(Opt)(L1)
  Else                              '温度单位换算有特殊算法
    a=Coef(Opt)(L0 * 2):b=Coef(Opt)(L0 * 2+1)
    c=Coef(Opt)(L1 * 2):d=Coef(Opt)(L1 * 2+1)
    Tx=c+(Val(Tx)-a) * d / b
  End If
  L0=L1                             '保存现单位名称下标,下次就是原单位名称下标
  Z=True                            '换算后将输入新数
End Sub
'"置于顶层"复选框,API 函数 SetWindowPos 的第二个参数为-1 时置顶层,为-2 时恢复正常
Private Sub Check1_Click()
  SetWindowPos Me.hwnd,IIf(Check1.Value,-1,-2),0,0,0,0,3
End Sub
```

这个程序看起来不短,但实现的功能可不少。只要认真阅读程序注释,理解也不难。希望能对读者的编程实践有所帮助。

附录1　关于上机实训的说明

上机实训是程序设计课程教学的一个重要环节。学院每个机房均配置教师机一台，作为服务器，主要有两个作用：一是教师可在教师机上使用软件进行广播教学或进行个别指导；二是学生可按教师要求从教师机上通过 FTP 下载指定上机作业，并在规定时间内将完成的作业上传到服务器的个人目录下。教师可将课堂教学中使用的课件(PowerPoint 文件)和实例放到服务器上供学生下载，方便学习和参考。

上机实训强调学生编程实践，每周一次，紧密结合课堂教学内容。教师预先将上机作业上传到机房的 FTP 服务器中，学生上机时，通过匿名 FTP 访问，下载指定作业文件夹(每次作业所有文件放在一个文件夹内)，其中一个文件(. doc 或. xls 格式)含本次上机实训的目的、要求、步骤和每个题目的指导性文字。对编程题，还通过超级链接演示目标程序的运行效果，使学生尽可能明确理解编程要求。学生完成作业后，要用自己的用户名和口令将作业上传到 FTP 服务器的个人目录中。教师可从自己的办公用机上下载学生作业进行批阅、评分。为减轻批阅工作量，在包含选择题和填充题的 Excel 文件中用 VBA 编写了自动阅卷功能，一个快捷键就能给出得分，并用颜色显示错误所在。本书练习以上机作业为基础编写。

附录2　上机须知

1. 下载作业的步骤

(1)访问作业所在的FTP服务器:在浏览器的地址栏内输入:

ftp:// ＜服务器IP地址＞

回车后应显示匿名用户(Anonymous)的文件夹内容,该文件夹为"只读",不要试图打开该文件夹下的任何文件。

(2)单击选择要下载的文件夹(如文件夹"VB作业2"),按下鼠标右键,在出现的快捷菜单中选择"复制到文件夹…"命令,再在随后出现的对话框中选择一个本地的文件夹,例如"我的文档"。

(3)单击对话框的"确定"按钮,则所选的文件夹将被复制(下载)到本地机的指定位置。

2. 作业要求

(1)每次作业都应集中放在一个文件夹内(既是下载的文件夹,也是答完题后上传的文件夹),第2次作业的文件夹名为"VB作业2",第3次作业的文件夹名为"VB作业3",依此类推。

(2)每次将作业文件夹下载到本地机后,打开本地机上的作业文件,按要求完成作业,并仍保存在该文件夹下。

(3)对编程题,要求每个程序(工程)有一个子文件夹,子文件夹名为"Tx",其中x为题号。例如,编程题1的所有文件都要保存在名为"T1"的子文件夹下。

(4)对要求在Excel或Word文件中直接回答的题目(选择题、填空题、问答题等),答完题后直接保存答过题的文件,不要改变其文件名和文件夹。

3. 作业上传

作业完成后回到浏览器窗口,用自己的用户名和密码访问上述FTP服务器:

(1)在FTP右窗口中右击,显示快捷菜单(如图1),选择其中的"登录"菜单命令,将显示图2所示的对话框。

输入用户名和密码,单击"登录",即可登录到自己在FTP服务器上的文件夹。

注意:这是你所专用的文件夹,只要你不泄漏你的密码,就可以安全地保存你的作业。下次上机,你可以从这里下载未完成的作业继续做。该文件夹容量有限,请勿作他用。

(2)选择菜单命令"查看"→"浏览栏"→"文件夹"(在Windows 2000下可直接单击命令按钮"文件夹"),使浏览器右边显示文件夹。

(3)展开本地机上作业所在文件夹的上一级目录(即单击文件夹或驱动器前面的⊞,不要双击打开!),然后将作业所在文件夹直接拖动到浏览器右半边窗口,即你在服务器上的文件夹内。

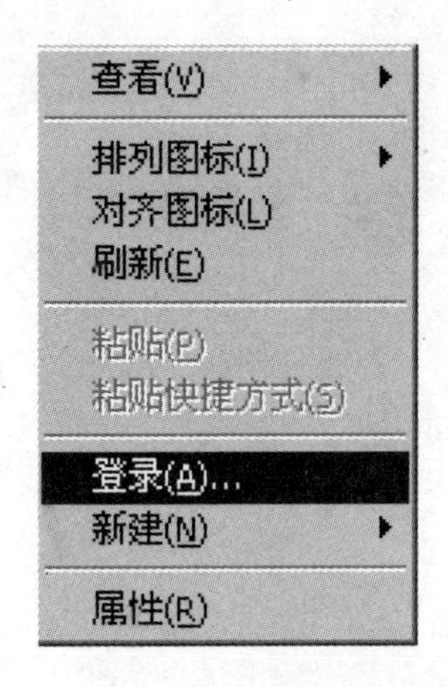

图1 快捷菜单

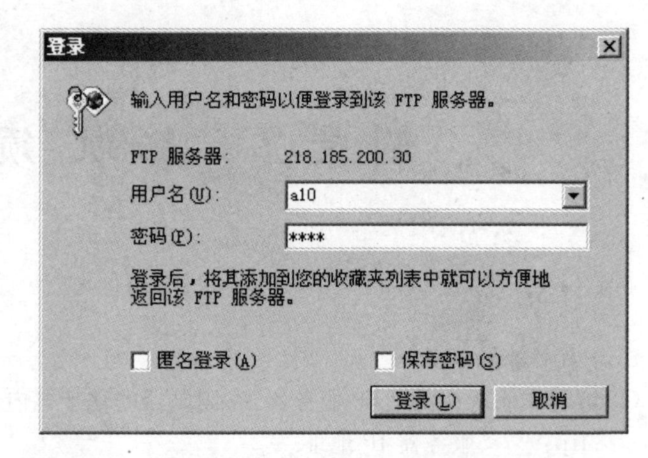

图2 "登录"对话框

(4)可以打开自己在服务器上的文件夹，检查自己的作业文件是否已经成功上交，但不要试图打开该文件夹下的任何文件。

(5)如果文件夹已上传，但其中的作业文件没有全部上传，请检查那些文件是否尚未关闭。打开着的文件要先关闭才能成功上传。

4. 要求

(1)上机实训和上课一样，应认真对待，按时完成作业。

(2)严守个人密码，不透露给其他同学。

(3)可以讨论，但严禁抄袭，更不能互传作业、拷贝作业文件。

(4)按作业要求建立文件夹和文件名。